■ 影视传媒实践教材系列丛书·广播电视编导系列

化妆与造型

HUAZHUANG YU ZAOXING

刘志平　熊若佚　主　　编
王壹龍　吴嘉升　刘规元　图片制作

重庆大学出版社

图书在版编目（CIP）数据

化妆与造型 / 刘志平，熊若佚主编. —重庆：重
庆大学出版社，2015.3（2022.12重印）
（影视传媒实践教材系列丛书·广播电视编导系列）
ISBN 978-7-5624-8817-0

Ⅰ.①化…　Ⅱ.①刘…②熊…　Ⅲ.①化妆—造型设
计—教材　Ⅳ.①TS974.1

中国版本图书馆CIP数据核字（2015）第016330号

影视传媒实践教材系列丛书·广播电视编导系列
化妆与造型

主　编　刘志平　熊若佚
策划编辑：贾　曼　雷少波　向文平
责任编辑：李桂英　　版式设计：张　晗
责任校对：刘雯娜　　责任印制：张　策

*

重庆大学出版社出版发行
出版人：饶帮华
社址：重庆市沙坪坝区大学城西路21号
邮编：401331
电话：（023）88617190　88617185（中小学）
传真：（023）88617186　88617166
网址：http://www.cqup.com.cn
邮箱：fxk@cqup.com.cn（营销中心）
全国新华书店经销
重庆升光电力印务有限公司印刷

*

开本：787mm×1092mm　1/16　印张：5.75　字数：112千
2015年3月第1版　　2022年12月第5次印刷
印数：9 001—11 000
ISBN 978-7-5624-8817-0　定价：35.00元

编写委员会

总 主 编：陈祖继

副总主编：刘　彤

总 主 审：廖全京

编　　委：陈祖继　　刘　彤　　廖全京　　张乐平

李佳木　　徐先贵　　韩治学　　赵淼石

林　莉　　王志杰　　蒋维队　　黄晓峰

宋　歌　　王文渊　　杨晓军　　熊若佚

刘志平　　周　静　　杨嫦君　　唐　晋

许　嫱　　赵耘曼　　亓怀亮　　于　宁

李　兰　　陆　薇　　万山红　　孙铭悦

汪　军　　罗　佳

总 序

融入现代职业教育体系，凸显数字影视传媒实践特色

21 世纪的到来，媒体行业正发生着一场巨变，甚至是裂变，一场围绕着影视传媒行业创新与突破为核心的数字内容产业正在席卷全球，以波澜壮阔之势蓬勃展开，引领一个新的时代到来——数字时代。数字时代影视艺术也以全新的形态和更为丰富的内涵影响着社会大众的生活，并推动着数字影视产业的快速发展。促进数字时代影视技术与艺术深层次结合，成为时代赋予新一代传媒人的历史责任，数字时代如何培养更加优秀的影视传媒人才是社会传媒行业之需要，更是影视传媒院校之重任。

媒体行业在应时转变，国家教育体制也在顺势改革。2014 年 6 月，在全国职业教育大会召开前夕，相关部门发布《国务院关于加快发展现代职业教育的决定》和《现代职业教育体系建设规划（2014–2020 年）》，旨在推进职业教育改革发展，更好地服务国家经济发展方式转变。这两个文件共同构成今后一个时期指导职业教育改革创新的纲领性文件，提出了发展中国现代职业教育的总目标，即"到 2020 年，形成适应发展需求、产教深度融合、中职高职衔接、职普相互沟通，体现终身教育理念，具有中国特色、世界水平的现代职业教育体系"。

面对如此变化，为了培养适应新媒体时代，特别是数字时代所需的全能型媒体人才，将影视传媒教育融入到现代职业教育体系，满足市场对人才动态变化的需求，产教结合，校企合作，服务于地区经济与区域经济发展。我们潜心研读文件精神，用心探索应对方案，精心打造具有数字时代特色的专业教学方式、方法，全心投入到大势所需的教材改革之中。

高等教育要基于科技与文化，立足前沿，面向世界，面向未来，高瞻远瞩，而该丛书的出版恰好弥补了数字影视传媒时代实践教材的一个空白，丛书涵盖了电视栏目剧创作、影视艺术概论、广播电视节目策划、实用摄影教程、新闻编辑、微电影创作与实践、影视文案写作、化妆与造型、电视导播艺术、传媒礼仪、影视美工设计等方面的内容。丛书的编写一方面力争将自己的研究对象置于理论层面上加以审视，从传媒文化传承中寻求对特定问题的解释，并以此观照中国广播影视事业的发展；另一方

面，又十分注重用市场的需求来反观影视实践人才培养的历史、现状和未来。在大量的实际操作和广阔的学习平台中，架构一个开放的、动态的、科学的、零距离接近的实践育人模式。力争在以数字技术为载体的当下，在理论与实践领域积极探索一种全新的思维模式，构建一套应用性强、针对性强、操作性强的育人体系。

该丛书的作者主要来自两个方面：一是具有较深学养的院校专业教师和研究人员；二是具有丰富实践经验的一线工作人员。其构成切实符合理论和实践结合的育人原则，理论为实践服务，重视突出实践，同时，也为该丛书的可读性提供了保证。该丛书既可以作为各大院校相关专业的教材，也可以成为从业人员的进修读物，为数字时代影视传媒业实践环节的发展与建设尽绵薄之力。

近几年来，在国家文化产业政策的扶持与鼓舞下，在国家文化产业大繁荣大发展的背景下，国内数字产业正在以破竹之势迅猛发展。基于此，我国影视传媒行业也正在逐步向数字传媒方向靠拢或转型，稳步进入一种数字化与多样化齐头并进的新时代。这对于以传媒专业为主导的高等传媒院校来讲，既是机遇也是挑战，更是影视传媒教育工作者值得深思的问题。

数字时代影视传媒实践人才培养的模式还在不断向前发展，随着这种发展还将会有更为深刻、广阔的内容出现，因此丛书难免存在种种不足，我们有理由相信，这只是一个具有开拓性的开始，未来的研究、探索之路仍然漫长。数字时代影视传媒将如何更好地发展与前行，实践人才应该怎样培养等，都已成为数字时代影视传媒教育努力和思考的方向！

我衷心期望能够借助于该丛书的出版，抛砖引玉，使更多的专家、学者、教师及热爱影视传媒行业的广大青年朋友可以融入到数字时代影视传媒教育这一大的课题建设中来，出谋划策，共筹未来！

是为序。

陈祖继

2014 年 8 月 3 日

（陈祖继教授系中国作家协会、中国电视艺术家协会、中国戏剧家协会、
中国电影家协会会员，四川省新闻教育学会副会长，四川传媒学院副院长）

　　当化妆已在不知不觉间融入人们生活时，它已被大多数人视为体现个人修养的基本素质之一。它既给自己带来自信，又给旁人带来愉悦。化妆不仅是对自己不完美的弥补，更是对自己优点的完善和张扬。化妆是戏剧、电影、电视等表演艺术必不可少的造型手段，通过化妆可以让演员由外到内去找到人物的种子，发觉人物的内心。由此，化妆在我们生活和艺术中都是不可缺少的一门知识。《化妆与造型》作为"影视传媒实践教材"之一，是依据重庆大学出版社的统筹以及我国高等教育的发展要求，严格遵循先进的教学理念和完整的课程体系，并结合"化妆"的专业特征，充分考虑市场对人才的需求，以及人们对自身外部形象的塑造等因素进行编撰的。本书在编写理念、内容组织以及结构安排上，理论与实践相结合，由浅入深，突出实践性，强调技能训练，做到学以致用。

　　当代社会，由于社会生活和人类文明的进步，以及科学技术的渗入，人们对美的需求越来越强烈，审美意识也越来越高。如果我们还是用老的经验以及过去的信息来谈化妆，显然是落后于形势了。现在市场上无论化妆教材还是化妆方面的书刊都非常多，其中不乏优秀的，但也有很多书存在一些问题。比如理论多难以理解，男士妆缺乏，不够系统全面等。其实无论是在生活中，还是在艺术表演中，化妆不完全是女性的专利，男性也需要化妆。所以本书比较全面而系统地阐述了有关化妆造型的起源及历史演变，基本知识和基本技能，以及化妆造型在生活中和影视舞台人物造型中的不同手法，不同年龄阶段不同种族的化妆造型，以及人们对现代文艺作品中人物造型的审美趋势的解读，并且通过大量图片来展现。本书更加注重教材的适用性、科学性、系统性和新颖性。在编写理念上突出以下五大特点：

　　（1）突出实践性。本书根据当今教育的主题，以及本次编写教材的要求，结合"化妆造型"这门学科的特点，大力加强实践性，提高学生的实践能力，做到学以致用。

（2）全面而系统。本书囊括了化妆方面的相关知识，并重视可读性与可视性，适合化妆专业以及非专业学生学习欣赏。

（3）强调技能训练，理论与图片相结合。理论是实际操作的依据，技能是化妆造型的具体体现。本书用专业的理论，配以精美的图片，更加形象地帮助学生去理解和掌握化妆技能。

（4）注重时代感。根据当今社会人们对美的追求，审美眼光的不断提高，去发掘美，引领美，满足当代人对美的需要，并规范正确的审美意识。

（5）继承与创造。化妆作为一门需要不断创新的艺术，本书不仅具备化妆方面的常规知识，而且非常重视学生新理念、新思想、新思维的开启和训练。

本书既是高等艺术教育的专业教材，也为影视表演专业、播音主持专业以及不同层面的爱美人士提供专业的化妆知识用书。在本书的编写中，非常感谢四川传媒学院老师的协助和学生帮助拍摄制作的图片，以及我们的学生提供的作品。

在这次编写的《化妆与造型》一书中，特别感谢以下朋友和同学提供的图片：郭津、张晓龙、刘皖秋、杜帅琪、白杨、胡双红、韩琪、敬楠婷、李沂玲、刘闯、吴秋兰、林已寒、樊波、李姜凤、朱瑞琪、郝莹莹，以及电影电视系的同学。如果有提供照片的同学名字没写上请尽快与我们联系，以便及时补上。

编　者

2015 年 1 月

目录

CONTENTS

1

第一章
中西方化妆

第一节　中国化妆史回顾 /1

第二节　西方化妆风格回顾 /5

9

第二章
化妆基础知识

第一节　皮肤的认识 /9

第二节　化妆与面部 /11

第三节　化妆与色彩 /14

17

第三章
基础化妆技法

第一节　化妆工具与化妆品 /17

第二节　脸型、五官的修饰与矫正技法 /30

第三节　化妆的基本步骤 /36

43

第四章
生活化妆造型

第一节　清新少女妆 /43

第二节　男士生活妆 /45

第三节　女性职业妆 /47

第四节　个性晚宴妆 /49

第五节　魅力烟熏妆 /51

第六节　甜美新娘妆 /53

第七节　蕾丝创意妆 /54

57

第五章
艺术化妆造型

第一节　艺术化妆基础 /57

第二节　戏剧影视角色化妆造型 /60

第三节　电视节目主持人化妆造型 /64

第四节　特殊效果妆 /68

第五节　种族妆 /70

75

第六章
年龄妆

第一节　青年妆 /75

第二节　中年妆 /76

第三节　老年妆 /79

第一章
中西方化妆

课程内容：中国化妆史回顾 / 西方化妆风格回顾。

教学目的：了解中西方化妆的起源，通过对历史人物的了解，为人物化妆打下基础。

课前准备：预习教科书中的理论知识部分，通过历史书籍、影片收集历史图片。

在原始社会，人们为了躲避野兽，在脸上、身上画上兽皮花纹，在身上插羽毛或头上戴兽角，以此来伪装隐蔽自己。在部落时期，人们为了得到神灵的保护，把一种动物或植物作为本族的图腾加以佩戴和装饰。男性为了在气势上战胜部落的其他男性来获得女性的青睐，会佩戴兽牙犬齿，以显示自己英勇果敢或力大无比。那时的人们还会在脸上和身上涂抹颜料和泥浆，以此来防止蚊虫的叮咬。这些也许就是最早意义上的化妆吧。

第一节　中国化妆史回顾

一、中国历代人物化妆的演变

1. 夏商周时期

周代是化妆历史的真正开始。周代文字记录中已经有朱唇、黛黑、青色、朱颜、粉白、芳泽字眼出现。周代化妆风格以粉白黛黑的素妆为主，因此也称这个时代是"素妆时代"。(图1-1)

图1-1

图 1-2

图 1-3

图 1-4

2. 春秋战国时期

在春秋战国时期，妇女们用米粒研碎后加入香料制成粉，或用铅做成糊状面脂粉敷于面部，敷面之粉统称为"妆粉"。在这个时期也出现了画眉之风，"蛾眉"就是当时比较有特色的眉形，由于眉式弯曲而细长，如同蚕蛾的触须而得名。因此"粉敷面""黛画眉"是古代妇女化妆的初步阶段。（图1-2）

3. 秦汉时期

秦汉时期，妇女们用红蓝花汁凝做成胭脂，涂抹在两颊，使两颊略带红晕，增添女性妖媚，也称其为"红妆"。在两颊涂抹胭脂是古今中外化妆的基本方式。从秦代开始不仅敷粉，还要施朱。敷粉并不以白粉为满足，又将其染成红色，成了红粉。由于涂抹在腮部的胭脂有深浅多少的差异，所以出现了各种妆型的名称，如酒晕妆、桃花妆、飞霞妆等。（图1-3）

4. 魏晋南北朝

魏晋南北朝时期，女性以瘦弱为美，追求和爱好体态羸弱的病态美。面部的妆饰在当时非常有特色，最具特色的是"额黄之妆"。所谓"额黄"，就是以黄色染料染画在额间，也称"鹅黄""鸦黄"。《木兰诗》中述"当窗理云鬓，对镜贴花黄"便是。（图1-4）

5. 隋唐时期

隋代妇女装扮较为朴素，崇尚简约之美。唐代追求富丽华贵的整体妆饰风格，以下几款是比较有特色的妆容。"红妆"是当时最流行的面妆，即将白粉染成红粉敷于面部，妆粉颜色有深浅，面积有大小。有的染在双颊，有的满面涂红，有的兼晕眉眼，加上服饰发型饰品的配搭更显妖媚华丽。"花钿妆"又叫"落梅妆"，花钿是指妇女将面饰、面花贴在脸上，一般会贴在眉间、额头两颊上。最简单的花钿是一个圆点，随着花钿的流行，种类变得缤纷繁多，有如一朵朵盛开的鲜花。"斜红"又叫"晓霞妆"，即在两鬓及颊部之间画上类似月牙或伤痕的妆容。"面靥妆"通常是用胭脂在嘴角两侧或鼻翼两侧点染红点，后来红点又演变成花纹贴于面部。（图1-5—图1-7）

图1-5

图1-6

图1-7

6. 宋元明清时期

宋代是封建社会逐步衰落的时期，宋朝女子装扮倾向朴实、清雅、自然。但搽白抹红还是面部化妆的基本。

元代妇女的形象是，一字眉细如直线，配上樱桃小嘴，还喜欢在眉间点痣，整个妆面整齐又简洁。

明清时的妇女装扮多喜欢弯曲的眉毛，细小的眼睛，薄薄的嘴唇，脸上素白洁净，妆面纤细优雅。

二、面部的局部修饰

1. 千变万化的眉

古有"眉目传情"一说，眉目不能说话，却能传神。画眉始于战国时期，古诗词中就有"粉白黛黑"的说法。秦汉时期是一个比较重要的阶段，创下了中国妇女画眉史上第一个高峰。当时流行长眉和广眉，长眉中又有"八字眉""远山眉""愁眉"等样式。

隋唐代的黛眉艺术也达到了极致，隋唐富贵家庭的女子尤其讲究画眉。唐玄宗时就有"十眉图"。初唐时流行又浓又阔又长的眉形。开元天宝期间流行纤细而修长的眉形，如柳叶眉、却月眉。盛唐末期流行短阔眉。

宋代妇女喜欢用墨画眉，最典型的形象是广额、长眉、凤眼，这也是宋代皇后最典型的造型。

元代妇女流行细长的一字眉。

明清时期妇女的眉毛大多纤细弯曲，清代的曲眉颇有特色，均为眉头高，眉尾低，眉身纤细修长，给人低眉顺眼之感。（图1-8）

2. 丰富多彩的唇

我国古代各种唇式名目达到二十种之多，而且色彩丰富艳丽。"樱桃小口"是古时候形容女子嘴唇娇小浓艳之美的。其具体形状不完全是圆圆的樱桃形，有的画成梅花形，有的画成花瓣形，有的画成上下两片小月牙形，有的整个唇如一个菱角之状。

唐代妇女画眉样式的演变

年号	帝王纪年	公元纪年	图例
1	贞观年间	627—649	
2	麟德元年	664	
3	総章元年	668	
4	垂拱四年	688	
5	如意元年	692	
6	万岁登封元年	696	
7	长安二年	702	
8	神龙二年	706	
9	景云元年	710	
10	先天二年——开元二年	713—714	
11	天宝三年	744	
12	天宝十一年后	752年后	
13	约天宝——元和初年	约742—806	
14	约贞元末年	约803	
15	晚唐	约828—907	
16	晚唐	约828—907	

图1-8

中国历代妇女点唇样式

序号	时代	图例	资料来源
1	汉		湖南长沙马王堆一号汉墓出土木俑
2	魏		朝鲜安岳高句丽壁画
3	唐		新疆吐鲁番出土唐代绢画
4	唐		新疆吐鲁番出土泥头木身著衣俑
5	唐		唐人《弈棋仕女图》
6	宋		山西晋祠圣母殿彩塑
7	明		明陈洪绶《菱龙补衣图》
8	清		故宫博物院藏清代帝后像
9	清		清无款人物堂幅

图1-9

图1-11　　　　　　图1-12　　　　　　图1-13

图1-10

色彩也有很多，如浅红色的唇脂称为"檀口"，大红色的称为"朱唇"。唐代妇女非常喜欢用深红色点唇，于是《点绛唇》成了著名的词牌名。还流行过以乌膏涂染嘴唇的"黑唇"。唇形的名称也多种多样，如大红春、小红春、石榴桥、半边娇、淡红心、露珠儿等。（图1-9）

3. 眼睛修饰

"凤眼"是我国古代美女的代表，古代女子对眼部的修饰大多是勾画上眼线，使眼睛显得细而长，有的还延长到鬓角处，多见于现代的戏曲妆中。东汉的泪妆是以白粉末点染眼角，似哭啼状。（图1-10—图1-13）

第二节　西方化妆风格回顾

西方化妆最早起源于古埃及、古罗马、古希腊等文明古国。化妆的演变从15世纪到18世纪，造型风格分别经历了文艺复兴时期、巴洛克时期和洛可可时期等。中世纪的欧洲教会是禁止化妆的。

古埃及妆，女性眼妆十分有特色，他们用从绿孔雀石中提炼出来的一种天然色素和从铅中提炼出的深灰色颜料来描画眼睛的轮廓。将眼线画成杏仁形，并延长至太阳穴和发际。用黑墨沿着眼眶将眉毛画得既黑又粗，脸部涂成红色或深赭色。一般女子的发型是头发从中间分开，后颈上绾一个发髻。男女两性的头部也可以是剃光，用人发、动物毛发和植物纤维制成的假发套进行装饰。在古埃及后期，贵族生活比较奢侈，会佩戴耳环、项链、脚饰等。

古希腊妆，妇女都使用淡妆，她们用白铅粉来增白皮肤，眼部涂锑粉，面颊及嘴唇则抹朱砂。也会用天然色素和猪油搅拌混合制成唇膏。女性喜欢把头发留长，随意地披在肩头。到后期才开始束发，并在脖子后面绾一个发髻。古希腊时期的饰品制作已非常精美优雅，人们非常喜欢佩戴各种珠子宝石。

古罗马妆，女性化妆还是强调眼部，喜欢用墨黑的颜色画眉和睫毛，使之看起来显得浓眉大眼。上层社会女子还是喜欢使用铅粉来增白皮肤，并用胭脂涂抹脸颊和嘴唇。人们开始用浮石反复摩擦牙齿使其变白。年轻女子喜欢把头发盘在头顶并加饰物点缀。男子流行短发，胡须也要剃干净，白净无须的脸在当时蔚然成风。那时的人们还将黄油和大麦粉混合来治疗皮肤雀斑。古罗马人非常喜欢珠宝，因此耳环、项链、手链等都镶有珍珠。

文艺复兴时期，这一时期在艺术、文化方面都有突破和发展。因此化妆造型在这一时期的各个国家也各有特色。最为流行的化妆品的主要成分是铅，当时许多贵族用它来增白皮肤，并喜欢把胸部涂成白色。铅的毒性使很多妇女患上严重的疾病。女子除了使用化妆品，还用香水、薰衣草香料。发型方面，女子还是喜欢束发，中分并在后脖子处绾发髻，两鬓的头发剪短齐颊下卷曲，像髻一样垂着。头上披披巾或戴上饰有羽毛和珠宝的蓓蕾帽。女性除了佩戴饰品，还用装饰手套、手帕、扇子等饰物。男子的发式一般头顶较低，在头两侧较低处做蓬松的发卷，后面头发绾成发髻或留长卷发。使用假发和染发在当时非常流行。

巴洛克时期、洛可可时期的化妆只强调红和白两种色，人们喜欢在双颊和唇部

图1-14　　　　　　　　　　　　　　　图1-15

图 1-16

使用象征富丽的红橘装点。

17 世纪的哥特式风格也是比较突出的妆容，白色的脸给人极为苍白的感觉，用比皮肤色彩稍淡的粉底打一两层的底，再用白粉覆盖，给人一种精致的、几乎带有淡灰色彩的色调。深色的眼影和鲜红的嘴唇非常有特色。

18 世纪的法兰西的绅士会将脸涂白，把眉毛刮掉并重新描画得更高，并将脸颊和嘴唇涂抹成锈红色。摄政时期的女士化妆流行樱桃小嘴，配以红脸颊和细细弯弯的眉毛，并带一种叫颜片的饰物来遮盖脸部的瑕疵和斑点。

19 世纪，女士开始化淡妆，这一时期的化妆面部偏白，眉毛不再强调细致的线条，眼部几乎没有化妆的痕迹，只用腮红表现粉嫩的感觉，重点在于突出女性的娇嫩和雅致。爱德华七世时代，妇女喜欢在脸上纹腮红和深色的眉毛，而免去日常化妆的麻烦。

20 世纪 30 年代，电影的发展推动了化妆的发展，这一时期最流行的粉底是象牙色略带粉红，细而高挑的眉，深色的眼影描绘出深邃的眼型，眼线明显，长而黑的睫毛，腮红成熟而立体，唇丰满而性感。电影明星

图 1-17

图 1-18

们引导了这一潮流，这段时期被称为好莱坞的黄金时代。50 年代，妇女的特点是身着印花图案的裙子和头上盘起的金发，化妆趋于自然，除了唇膏颜色鲜艳一些，这使她们的微笑灿烂动人。60 年代，眉毛和唇部的化妆开始减弱，眼睛的化妆仍然流行，开始戴假睫毛和涂粉红色珠光唇膏。眼部用高光打底并施以夸张的烟熏妆，不需要用腮红，但颧骨下的两颊会刷上暗影。70 年代，流行长睫毛和柔和的自然妆。80 年代，妇女喜欢色彩鲜艳的唇膏和夺目的粉色眼影。90 年代，完全崇尚自然妆，粉底越来越轻薄，唇膏颜色也自然大方。（图 1-14—图 1-18）

课后练习
KEHOU LIANXI

1. 简述中西方化妆的起源、发展及演变。

2. 简述古埃及、古希腊、古罗马妇女化妆的主要特征。

第二章
化妆基础知识

课程内容：皮肤的认识 / 化妆与面部 / 化妆与色彩。

教学目的：通过对皮肤、骨骼、肌肉的认识，对色彩与化妆的关系的了解，学习化妆的一些最基本的知识。

课前准备：预习教科书中的理论知识。

第一节　皮肤的认识

一、面部皮肤的分类

皮肤基本上分为五类：干性皮肤、中性皮肤、油性皮肤、混合性皮肤和过敏性皮肤。不同的皮肤要采用不同的护理方式，不可一概而论。

二、皮肤的作用及健康皮肤的标准

皮肤有排汗、分泌皮脂、散热、保温、感觉等作用。

皮肤健康有活力，肤泽红润亮丽，皮肤洁净无斑点，富有弹性，光滑柔软，不皱缩或粗糙；肤质呈中性，不易敏感、油腻和干燥；皮肤耐老并且随着年龄增长缓慢衰退。这些都是健康皮肤的标准。

三、肤色

黄种人的皮肤从颜色深浅分：浅肤色、中肤色、深肤色。从色调分：偏白色、偏红色、偏黄色、偏黑色。

四、不同类型皮肤的保养方法

1. 干性皮肤

特征：洁白细嫩，易生细小皱纹，皮肤表面脂肪分泌量极少，毛孔细而不明显，不易出粉刺和小疙瘩。但由于缺少自然的油脂滋润，脸部皮肤显得干涩无光。化妆附着力强，不易脱妆。

保养：洁肤产品可选择略含酸性的，护肤品应选择油性的，从而增强皮肤营养，保持皮肤弹性。干性皮肤容易起皱纹，所以化妆尽量选择油性高的滋润型粉底液或粉条，并且可以经常往脸上喷化妆水或矿泉水来补充水分。干性皮肤刚化完妆时容易有浮状现象，过一会儿会自然一些并且有贴合感。卸妆应选用温和的产品，宜用不含碱性物质的膏霜型洁肤产品，再用温和滋润的奶状洁面产品温水洗脸。

2. 中性皮肤

特征：皮肤与水分保持平衡，光滑细腻，皮肤厚度适中，滋润有弹性，对外界刺激反应也不大。肤色均匀，毛孔细致，是最理想的肌肤，但会随着季节和年龄而发生变化。一般春夏季会偏油亮些，秋冬季会偏干爽些。

保养：适合用温和的护肤产品。良好的生活习惯、有规律的作息时间，对皮肤健康非常重要。冬季宜选用油一些的粉底液，并经常往脸上喷化妆水；夏季选用干一些的不脱色的粉底液。卸妆宜选用温和的中性卸妆乳及泡沫型洗面奶，用温水洗脸。

3. 油性皮肤

特征：表面脂肪分泌量多，呈现出油亮的光泽，肌肤纹理粗，毛孔大而显眼。优点是不易起皱纹和长斑。缺点是易生粉刺及痘痘，妆面容易脱落或被皮肤吸掉。

保养：可选择略含碱性的洁肤产品，控制油脂的分泌。护肤品可选择含水性的产品，大量补充皮肤水分，减少油脂分泌来保持皮肤的呼吸通畅。最好选用偏干的粉底液或粉底霜，多扑散粉定妆。吸油面纸和干粉可以随时补妆。卸妆选择油性的卸妆油或乳，再用磨砂型洗面奶或洁面皂温水洗脸。

4. 混合性皮肤

特征：脸上油性和干性两种皮肤混合存在，油性皮肤呈 T 形分部，即额头部、鼻部周区泛油，长粉刺，而眼睛和脸颊部位较干。

保养：在不同的区域配合相应的护肤产品，皮肤性质会得到改善，达到最佳状态。选用油分适中的粉底液或粉底霜，T 区部位多扑些粉，注意随时吸油和补妆。卸妆时选用中性皮肤适用的卸妆乳及泡沫型洗面奶，用温水洗脸。

5. 敏感性皮肤

特征：换季时易生湿疹，水质变化皮肤也会发生变化。在接触化妆品和粉尘后会出现红肿、痛痒等反应。受日光照射时会出现红斑，饮酒或吃海鲜后会出现皮疹或红肿瘙痒现象。

保养：不宜使用果酸类或没添加过敏剂的天然类护肤品。注意防晒，少吃辛辣类食品，避免刺激皮肤。在选择化妆品时应进行适应性实验。卸妆一定要用温和无刺激的产品，洗脸水不可以过热或过冷。

第二节　化妆与面部

一、头部骨骼的结构

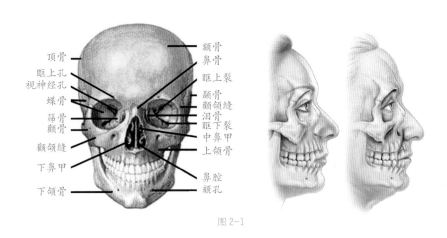

图 2-1

（一）脑颅

头部眉骨以上，耳以后整个部分称为脑颅。脑颅包括一块额骨、一块枕骨、一块筛骨、一对颞骨、一对蝶骨、一对顶骨。

1. 顶骨

顶骨位于颅顶中线两侧，左右各一，形成脑颅的圆顶。

2. 枕骨

枕骨位于顶骨后下部。

3. 额骨

额骨也称前额骨，位于头顶前部，凹凸较明显，近适长方形。男女的额骨区别较大，男性的较方，起伏明显，整块额骨向后倾斜度大；女性的额骨圆而饱满，角度平直。

（1）颞线：在头顶两侧太阳穴边缘是额骨与顶骨颞骨的连线，也是区分人颜面上半部
　　　　正面与侧面两大面的界线。此线随着年龄增长而明显。

（2）额邱：额骨上部左右各一两个突起的圆邱。

（3）眶上缘：额骨的下边缘，分别为左右两个眶窝。眶上缘的外端有明显的突起称
　　　　"颧邱"，与颧骨相接。整个眶上缘是前额的突面与眶窝的分界线。

（4）眉弓：位于眶上缘上方，额邱下面，与眶上缘平行，呈短的弓状隆起。眉弓外低内高，男性年龄越大眉弓越明显。

（5）眉间：在两眉弓之间形成渐凹的倒三角区。眉弓越突起，眉间越明显。

（6）额沟：位于额邱与眉弓之间的浅沟，是面部较深的皱纹所在之处。

4. 颞骨

左右各一对，位于颅的两侧。在顶骨之下，额骨之后，后接枕骨。颞骨与顶骨、额骨共同构成颞窝。

（二）面颅

位于头的前下方，为眉以下、耳以前的部分，包括两块上颌骨、两块鼻骨、两块颧骨、一块下颌骨。

1. 颧骨

位于面颊中部左右两侧，为不规则的菱形骨。骨体中间微微隆起的部分称为"颧邱"，也叫颧结节。与额骨、蝶骨相连形成颞窝的前下边缘，叫"额蝶突"。与颞骨的颧突相连成颧弓，叫"颞突"。

2. 鼻骨

鼻骨在额骨下缘，左右两上颌骨突的中间，左右各一，各成不等边四边形，构成鼻梁硬部，下接鼻软骨成鼻骨，鼻骨大者鼻根高，鼻骨小的鼻根低。

3. 上颌骨

上颌骨在面部中央，与下颌骨共同构成口周围的半圆形，中央区与鼻骨相接，部分上升与额骨的眉间三角区相接，外侧与颧骨相连。

4. 下颌骨

下颌骨在整个头骨中是唯一分离的骨骼，位于面部前下方，近似马蹄形，分为下颌体和下颌枝，下颌体的牙床与上颌骨共同构成口部半圆形，前下方有一三角形突起称为"颏隆突"，颏隆突下面的两端称"颏邱"，也称颏结节。

二、面部肌肉的结构

面部肌肉大多数是一头附着于骨骼或腱膜、筋膜上，另一头则附着于皮肤。面部肌肉可分为表情肌和咀嚼肌两类。表情肌属于皮肌，分布于额、眼、鼻、口周围，起始于颅骨，止于面部皮肤。主要是在情绪影响下专管传达面部细致而又复杂的感情。咀嚼肌附着于上颌骨边缘、下颌角旁的骨面上，产生咀嚼运动，并协助说话。

表情肌分为：

（1）额肌：起始于眉部皮肤，终止于帽状腱膜。收缩时表现出思考的表情，紧张时表达惊愕的表情，与皱眉肌配合运动时表达悲哀的情绪。

（2）皱眉肌：起始于额部，终止于眉中部和内侧皮肤。由于肌肉活动频繁而使眉间形成的皱纹是竖形的。收缩时在眉间形成明显的凹沟表达思考、烦劳等表情。

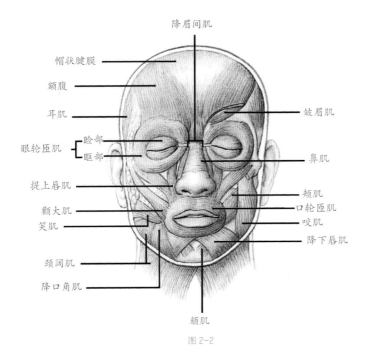

图 2-2

（3）降眉肌：起于鼻骨下部，向上附着于鼻根与眉间的皮肤。此肌主要与皱眉肌联合行动，使眉头收缩下降，表达注意、思考等表情。

（4）颞肌：自颞窝开始，下延伸至颧骨内侧。表现于咬物、言语时活动多，在愤怒时往往会咬紧牙关，此肌会显露于外形。

（5）眼轮匝肌：位于眼眶周围，为扁椭圆形环状肌肉，肌肉纹理沿眼眶绕圈。作用是开闭眼睛和辅助表情。由于眼部运动比较多，且表情变化大，眼部周围随着年龄增加，会产生一定的皱纹，皱纹方向与眼轮匝肌方向垂直，呈放射状。

（6）鼻肌：为几块扁平的小肌肉，收缩时可扩大或缩小鼻孔，往往四周肌肉运动而产生哭、笑等表情。鼻肌在鼻部与鼻梁方向十字相交，因此鼻的皱纹是与鼻梁平行的。

（7）颧肌：起于颧弓前，在上唇方肌外方。斜签于颧邱与口角之间，收缩时颊部形成弓形沟纹，并牵动嘴角向上，显现喜悦、欢乐的表情。

（8）上唇方肌：起自内眼角、眶下缘和颧骨，终止于上唇和鼻唇沟部皮肤。收缩时可提上唇，加深鼻沟。主要表达气愤、哭泣等表情。

（9）笑肌：是微笑时所运用的肌肉。薄而窄，位于口的两侧，各有一块，在微笑和大笑时能使嘴张开。

（10）下唇方肌：起始于下颌骨下缘，向上斜行附着于下唇皮下及黏膜内。属于深层肌肉，收缩时牵引嘴角向下。表达烦躁、不平、不满、厌憎、轻蔑、痛苦及威吓等情绪。

（11）口轮匝肌：环绕口裂周围，分内围和外围两部分，内围收缩时嘴唇轻闭或紧闭，外围收缩时嘴唇突起。表达噘嘴或生气的情绪。

（12）降口角肌：呈三角形的薄肌片，起于颌骨下方，覆盖下唇方肌，附着于嘴角皮肤。轻微收缩时表达忧愁，强烈收缩时表达不满和鄙视。

（13）颏肌：起于下颌骨前门齿窝，止于颏部皮肤。收缩时表达生气不满情绪。

（14）颊肌：位于上下颌之间，紧贴口腔侧壁颊黏膜，与口轮匝肌相结合，附着于嘴角。帮助咀嚼时牙齿咬伤颊内黏膜，并伴随颧肌与笑肌的动作。

第三节　化妆与色彩

"形与色"是造型艺术的两大基本要素。色彩对化妆的成功起着重要的作用。

一、色彩的基本知识

（一）色彩三要素

1. 色相

色相是指色彩的相貌，如可见光谱中的红、橙、黄、绿、青、蓝、紫。色相在化妆中占有重要地位，并具有主导作用。色彩具有冷暖两面性，暖色有膨胀和前进的视觉效果，冷色有收缩和后退的视觉效果。

2. 明度

明度是指色彩的明暗程度，也是色彩的深浅程度。明度高是指色彩较明亮，反之是指色彩较灰暗。在无彩色系中，明度最高的是白色，明度最低的是黑色。有彩色系，七种色彩的明度依次为：黄色明度最高，橙色、绿色、红色、青色明度中等，蓝色、紫色明度最低。

3. 纯度

纯度是指色彩的纯净度，也称彩度。色彩越纯，饱和度越高，色彩越艳丽。纯度高的颜色有跳跃、亮丽的视觉效果。

（二）三原色　三间色　复色

1. 三原色

原色是指能调配出其他一切颜色的基础色，而不能由别的颜色调和而成。三原色的红、黄、蓝是指色彩纯度最高，达到饱和度的正红、正黄、正蓝而言。

2. 三间色

三间色又叫"二次色"，是由两种原色色调配而成的。红与黄混合成橙色，黄与蓝混合成绿色，红与蓝混合成紫色。而橙、绿、紫三种颜色又叫"三间色"。

3. 复色

复色是由原色与间色相调或由间色与间色相调而成的"三次色"，复色的纯度最低，含灰色成分。复色包括了除原色和间色以外的所有颜色。（图2-3）

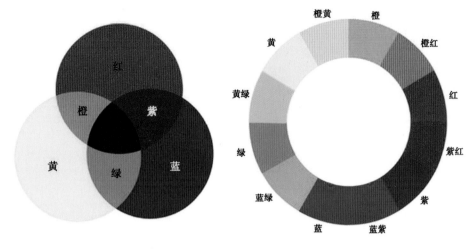

图 2-3　三原色　　　　　　　　　　　　　　　图 2-4

（三）同类色　邻近色　互补色　对比色

1. 同类色

同类色是指在同一色相中不同的颜色变化。同类色在配色上是一种稳定、温和的组合色。例如，红色中有紫红、深红、玫瑰红、大红、朱红、橘红等区别，黄色中有深黄、土黄、在黄、橘黄、淡黄、柠檬黄等区别。

2. 邻近色

在色环中取任何一色为指定色，那么凡是与此色相邻的色彩即是此色的邻近色。如红色和黄色，绿色和蓝色，都是互为邻近色。邻近色在配色组合上具有稳定、和谐、统一与安定感，形成协调的视觉韵律感。

3. 互补色

位于色环直径两端的色彩，即为互补色。如红色与绿色，蓝色与橙色，黄色与紫色形成强烈的补色对比效果。若将互补色放在一起可以造成最强烈的对比，也最能传达强烈、个性的情感。

4. 对比色

对比色是指色环中处于 120 度到 150 度之间的任意两色。对比色具有活泼、明快的感觉。若想缓和两色的对比效果，可将其中一色的纯度和明度作适当的调整，或由面积的大小来调整两色的对比度。（图 2-4）

二、色彩在化妆中的运用

色彩在化妆中有装饰、协调、强调、联想、象征的作用。在化妆色彩的选择上，既要考虑色彩搭配是否符合规律，又要考虑化妆用色是否符合妆面特点，因此在基础学习中要掌握化妆的对比及调和关系的处理。

1. 面部色彩的明度对比搭配

明度对比是指各种色彩由于明暗程度不同所产生的对比，以及同一色彩不同明暗层次的对比。化妆色彩的强弱之分很大程度上取决于色彩明暗差别的程度。强对比颜色的反差大，凹凸感效果强烈，如黑色与白色。弱对比则反差小，色彩自然柔和，如淡粉色与淡黄色。

2. 面部色彩的色相对比搭配

在化妆中，色彩的搭配组合决定着人物形象整体风格的塑造。而最常用的搭配有同类色搭配、邻近色搭配、对比色搭配、互补色搭配。其中每一种搭配都会使妆容有不同的风格。

3. 面部色彩纯度的对比搭配

纯度对比就是在比较鲜艳的纯度比较高的色彩旁边，搭配纯度较低的含灰的色彩，通过色彩的对比使纯度高的色彩显得格外艳丽。例如，鲜艳的唇色与面部肤色形成强烈的对比，使唇色更加鲜艳夺目，肤色更加白皙细腻。

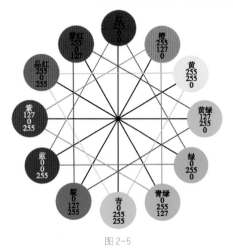

图 2-5

4. 面部色彩冷暖对比搭配

色彩的冷暖感是人对色彩的感觉。如果冷色与暖色相互配合，冷色在暖色的映衬下会显得更加冷艳，暖色在冷色的映衬下会显得更加温暖。

5. 面部色彩的面积对比

面积对比指化妆中有两个或两个以上色块的运用。首先要考虑出主体色调，而色彩的地位是按其所占面积大小决定的，占据面积大，在配色中就起主导作用；占据面积小，则起陪衬与点缀作用。（图 2-5）

课后练习★

KEHOU LIANXI ★

1. 简述不同皮肤的保养方法。

2. 在绘图纸上画出三庭五眼的标准脸型。

3. 举例说明面部色彩的搭配方法。

第三章
基础化妆技法

课程内容：化妆工具与化妆品／化妆的基本步骤／修饰技巧。

教学目的：通过对化妆基础理论知识的学习，掌握基础化妆技法，并熟练地应用。

课前准备：预习教科书中的理论知识部分。

随着经济的发展和人类文明的进步，化妆越来越为人们所重视。在化妆过程中，一套完整的化妆用具品至关重要。目前市场上的化妆材料及工具种类繁多，而好的化妆用具在保证化妆质量的同时还可以大大提高化妆的效率，对于学习化妆的人准备一套好品质的化妆用具是必不可少的。

要打造一个完美的妆容，除了好的用具以外，还要熟练化妆的基本步骤，懂得各种脸型、五官的修饰技巧，只有掌握了这些基础化妆技法，才能做到因人而异，展现出每个人独特之美。

第一节　化妆工具与化妆品

化妆工具与化妆品是化妆的重要物质条件之一，选择是否得当直接影响化妆的理想效果。随着科技的发展，化妆工具和化妆品在不断推陈出新，我们需要时常关注市场的发展动态，把传统与先进技术结合起来打造更加完美的妆容。

一、化妆工具

（一）化妆刷（图 3-1）

1. 粉底刷

粉底刷刷头大而扁平，以合成纤维制作为主。（图 3-2）

2. 蜜粉刷

蜜粉刷刷头呈自然弧形，横截面呈正圆或椭圆，比较厚实。质地柔软，以天然毛质为主，多用于定妆时蘸取蜜粉及扫去浮粉。在使用粉刷时，应保持在皮肤上轻扫，刷头不要呈垂直角度，以免刺激皮肤。（图 3-3）

3. 侧影刷

侧影刷质地、形状与蜜粉刷相似，只是比它小一号左右。主要用于阴影色和提亮色，用来调整脸型和面部立体感。（图 3-4）

4. 腮红刷

腮红刷的刷头呈斜面椭圆性，毛质粗细适中，毛量略厚，主要用于刷粉状腮红。使用时均匀蘸取腮红轻扫在皮肤上。（图 3-5）

5. 眼影刷

眼影刷是刷子里比较丰富的一种，有大、中、小之分，刷头一般呈弧形，最好的是貂毛质地，但大多是以毛与纤维混合而成。主要用于敷眼影，需多备几支，以便颜色的区分。圆弧状的大眼影刷可用于大范围刷饰眼影，弧度小的尖头眼影刷可用于描画有角度的眼影，圆弧状或扁平状的小眼影刷可用于小范围刷饰眼影或修饰眉形。（图 3-6）

6. 眼线刷

眼线刷刷头扁而平或呈尖头状，是画细致眼线的专用刷。以质感细致、笔梢纤细为佳。使用时蘸眼线膏或眼线液在睫毛根部处描画。（图 3-7）

7. 眉刷

眉刷有斜向形的平整刷头，毛质较硬，是描画眉毛的工具。用眉刷蘸眉粉轻刷，以加深眉色，或者用眉刷在画过的眉毛上轻扫，也可均匀眉色，从而刷出合适的眉形。（图 3-8）

8. 唇刷

唇刷是涂刷唇膏的毛刷，顶端刷毛较平，刷毛较硬但有一定的弹性。既可以用来描画唇线，又可以用来涂抹全唇。使用时用唇刷蘸唇膏，均匀涂抹整个唇部。（图 3-9）

9. 遮瑕刷

遮瑕刷刷头细长而尖，配合遮瑕膏遮盖脸上的斑点和瑕疵。使用时蘸遮瑕膏轻点在瑕疵部位，用手指轻轻点拍揉散与皮肤衔接。（图 3-10）

图 3-1

图 3-2

图 3-3

图 3-4

图 3-5

图 3-6

图 3-7

图 3-8

图 3-9

10. 扇形刷

扇形刷刷头呈放射状，是套刷中最大的，多用于清扫脸上多余的蜜粉。（图3-11）

11. 螺旋形刷

螺旋形刷用于刷匀眉毛或梳开被睫毛膏粘在一起的睫毛。（图3-12）

12. 双头刷

双头刷一边是梳齿状，一边是硬的毛刷，用于梳理眉毛和睫毛。常在眉已画好时使用，沿眉毛生长方向轻刷，淡化协调眉色。（图3-13）

（二）辅助工具

1. 修眉刀片（单面刀片）

修眉刀片主要用于修刮眉形旁边的杂毛。修眉时将皮肤绷紧，刀片与皮肤呈45度，将多余的毛发刮掉。（图3-14、图3-15）

2. 弯头剪

弯头剪用于修剪过长或杂乱下垂的眉毛、美目贴以及假睫毛等。眉剪细小，头尖且微上翘。挑选时需注意锋利度和吻合度。使用时用眉梳按眉毛生长方向梳理整齐，将超过眉形部分的眉毛剪掉。注意量少多剪，才能剪出均一的长度。（图3-16）

3. 修眉镊子

修眉镊子用于拔除杂乱的眉毛。挑选时注意镊子头的吻合度与平整度，通常选用圆头镊。使用时用修眉镊将眉毛轻轻夹起，并顺着眉毛的生长方向拔除。拔时要一根一根地拔。（图3-17）

4. 调刀

调刀用于挖割分配膏状粉底以及油彩，一边是尖头，另一边是方头。（图3-18）

5. 睫毛夹

睫毛夹是用于弯曲睫毛的工具。选择时注意夹子的弯曲度，选择适合眼睑凹凸和幅度的睫毛夹，橡胶垫和夹口要紧密吻合，不留缝隙。使用时夹的顺序为睫毛根部、中部、梢部，加以弯曲。动作要轻盈，又要能牢固地夹住睫毛。睫毛夹的施力大小会形成不同的卷度，睫毛根部至梢部依序以强、中、弱三段式施力。（图3-19）

6. 打底海绵

打底海绵用于上膏状粉底，可使粉底涂抹均匀，并使粉底与皮肤紧密结合。形状有圆形、菱形、三角形，可以根据不同位置的需要来选择。化妆时应使海绵湿润，再蘸取粉底涂抹皮肤，这样可使粉底更贴紧皮肤，让皮肤更细腻。（图3-20）

7. 粉扑

粉扑主要用于扑定妆蜜粉，保护妆面。一般粉扑背部多附有一条细带或半圆形夹层，可以固定手指。选用蓬松、轻柔、有一定厚度为好。好的粉扑在使用时不会让

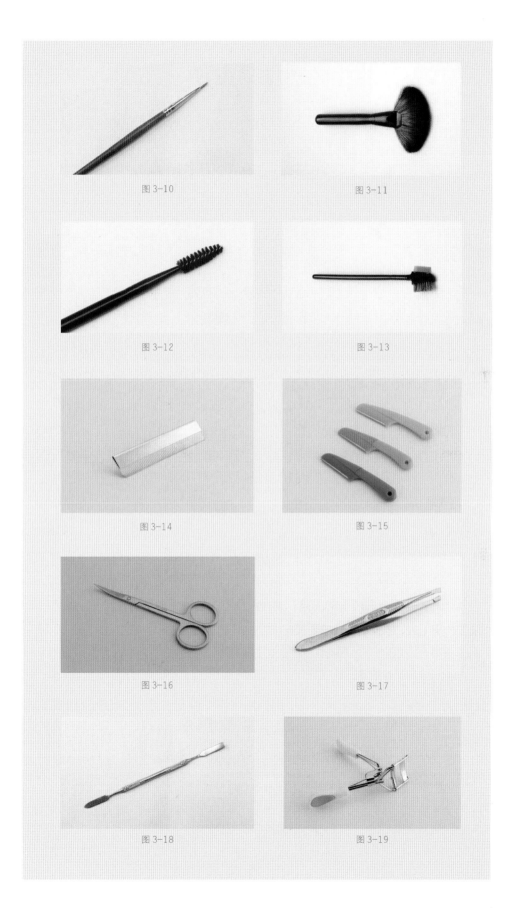

图 3-10

图 3-11

图 3-12

图 3-13

图 3-14

图 3-15

图 3-16

图 3-17

图 3-18

图 3-19

定妆粉四处飞散。粉扑蘸上粉后与另一个粉扑相互揉擦使蜜粉均匀分布。化妆时可以用小拇指勾住粉扑以免手蹭掉脸上的妆。（图3-21）

8. 假睫毛

假睫毛用于增加睫毛的长度和浓密度，为眼部增添神采。一般有完整型和零散型两种。完整型指呈一条完整形状的假睫毛，适用于浓妆。零散型指由两根或几根组成的假睫毛，适合局部修补。完整型假睫毛使用前要先对睫毛进行修剪，然后再用化妆专用胶水将其固定在睫毛根处。零散型假睫毛用胶水固定在真睫毛上，使其与真睫毛融为一体。（图3-22、图3-23）

9. 假睫毛胶

假睫毛胶用于粘贴假睫毛。（图3-24）

10. 美目贴

美目贴用于形成双眼皮褶皱或加大双眼皮褶皱。使用时根据需要决定具体形状和宽度，剪成比眼长略短的月牙形。一般粘贴在双眼皮褶皱处，以形成新的褶皱，然后轻推眼皮，睁开眼睛，检查是否合适。（图3-25）

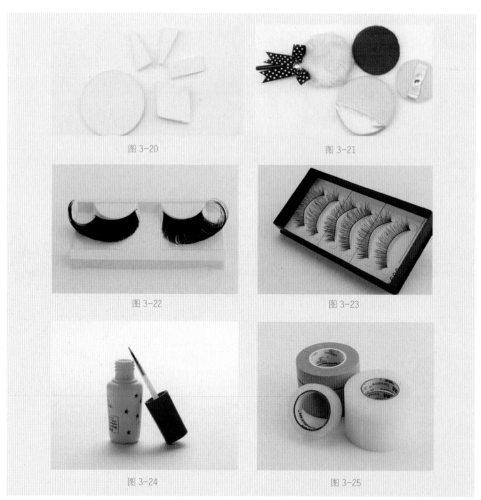

图3-20

图3-21

图3-22

图3-23

图3-24

图3-25

11. 棉签、吸油纸

棉签、吸油纸属于一次性用品，根据需要使用。

（三）化妆箱、化妆包

化妆箱、化妆包是专门用于盛放化妆工具和化妆品的容器，以保护化妆品完整、干净、整洁。现在市面上这类产品很多，可根据需要选择适合自己的，能使人在化妆过程中迅速准确地找到自己想要的化妆用具。一般以容积大、隔层多、轻巧、方便携带为首选。

二、化妆品

（一）遮瑕类

遮瑕类产品在上粉底之前使用，解决皮肤存在的问题，在上底前为皮肤打好基础。

1. 修颜粉底液

修颜粉底液是利用色彩补色的原理，通过色彩去修饰和调整原有肤色，提供一个更完美的基底。比如皮肤偏黄，可以选择紫色修颜粉底，而脸上有红血丝或高原红等偏红色的肌肤则选择绿色修颜粉底。（图3-26）

2. 遮瑕膏

遮瑕膏遮盖能力强，掩饰缺陷能力大，附着力强，持久不易脱妆，适用于问题性皮肤。（图3-27）

3. 遮瑕笔

遮盖点状的瑕疵，比如青春痘、痣、痘印等。（图3-28）

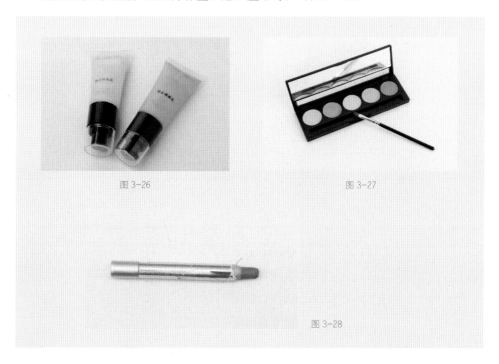

图3-26　　　　　　　　　　　　　图3-27

图3-28

（二）粉底类

粉底是化妆造型的基础，是创造一个完美妆面的首要条件。好的粉底不仅能改变皮肤的颜色，遮盖瑕疵，还可以保护、滋润肌肤。在选择专业粉底时，应该注重以下特点：粉质细腻，附着能力强，能较好地遮盖瑕疵，调整肤质。

1. 液状粉底

液体粉底是一种半液体状霜类粉底乳，几乎没有油分，适合任何性质的皮肤使用，尤其适合夏季使用。它质地轻薄、剔透，但遮盖力不强，所以对斑点、痘印、疤痕等瑕疵无法掩饰，比较适合干净细腻的皮肤。适合日常淡妆，不太适合浓妆使用。（图 3-29）

2. 膏状粉底

膏状粉底呈固体状，油脂含量高，油分较丰富，质地厚实，具有较强的遮盖力，并能持久不脱妆。但因其厚重、不透明、透气性差，所以让人感觉化妆痕迹比较重。此类底膏适于皮肤有瑕疵、寒冷的冬季或浓妆时使用。（图 3-30）

3. 粉饼

粉饼通常分为干用、湿用、干湿两用三种，适合于日常淡妆。它质地爽滑、轻盈、遮盖力适中，方便使用、补妆和携带，但持久性差，不易涂均匀，而且容易涂抹过厚。

粉饼不适合膏状底妆定妆，因为粉饼颗粒的密度较粗，而且不易拍开，会导致膏状底妆推抹花掉。

干用粉饼一般配合液状粉底使用，在使用粉底液之后，用来进一步增加粉状的遮盖力，起固定妆面的作用。湿用粉饼则可以在日常淡妆中代替粉底使用。干湿两用的粉饼使用范围要广一些。（图 3-31）

（三）定妆类

定妆类产品具有固定妆面的效果，将面部粉底的油脂光亮吸收，使之与皮肤紧紧结合，使妆面持久自然。在选择时，吸收遮盖力较强，真实自然透明。

1. 定妆粉

定妆粉又称为蜜粉、散粉，一般都含精细的滑石粉。大致分为透明、珠光或略带色彩三种，蜜粉的作用是维持粉底原色，增加肌肤的透明度，令面色更健康自然。

象牙色定妆粉较贴近东方女性的肤色，可缔造出较自然而又柔和的妆容效果；略带粉红、紫色或黄色的定妆粉，能发挥调整肤色的作用。像肤色偏黄的脸，使用紫色定妆粉可以令肤色呈现动人的光泽。若是出席晚间重要活动，则应选择质感较亮丽的珠光定妆粉，可以令肌肤变得明艳照人。

在选择定妆粉时，颗粒细致，自然透明，能迅速吸收面部水分和油光；色彩不宜过于灰白，男妆、女妆分色而用。（图 3-32）

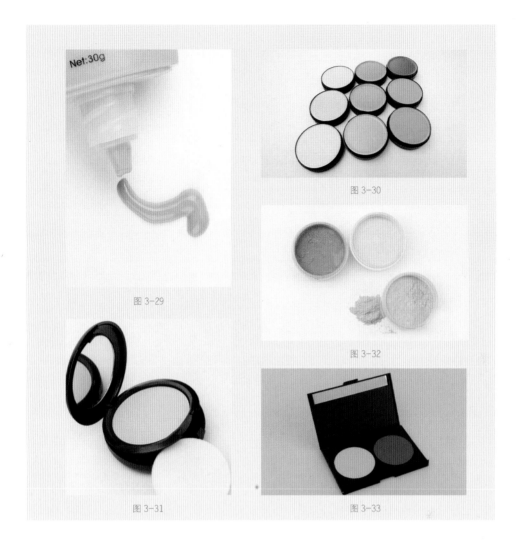

图 3-29　　　　　　　　图 3-30

图 3-31　　　　　　　　图 3-33

图 3-32

2. 定妆喷雾

定妆喷雾一般起保湿、控油作用，缓解皮肤干燥与粉质感，补充皮肤水分，让妆面更加服帖、水嫩，减少干纹的形成，比较适合裸妆、补妆。喷雾喷出的效果应呈现薄雾状，千万不能呈现水珠、水滴状。

3. 定妆液

定妆液又叫定妆安瓶，一般在化妆前 15～20 分钟使用，可以让妆面保持长久的时间，增加脸部的抵抗力，保湿及平衡油脂，具收敛效果，不易脱妆。

（四）修容饼

修容饼是用来修饰妆容和面部轮廓的，一般有深浅两种颜色，也称为高光色和阴影色。高光色有前进扩大膨胀提高的效果，阴影色有后退收缩深陷的效果。在挑选修容饼时，注意选择粉质细腻、色彩纯正的修容饼。一般选择米黄色和深棕色。（图 3-33）

（五）眼部用品

1. 眼影类

眼影主要是修饰和美化眼睛，加强眼部立体感，使整个脸庞更加美丽迷人。眼影色彩非常丰富，从色调上可以分为：暖色调、冷色调以及无彩色调；从质地上可以分为：哑光和珠光；从形态上可以分为：眼影粉和眼影膏。在选择时注意选择粉质细腻、色彩纯正、不掉渣不易脱妆的眼影。（图3-34）

（1）哑光眼影：具有吸光效果，可以减少眼部水肿现象，避免眼部反光。

（2）珠光眼影：具有反光效果，闪亮的质地使眼部看起来更加突出、时尚、靓丽。

2. 眼线类

眼线是人为在眼睑边缘去描绘的一条线，其目的是调整眼睛形状，增加眼睛神采。

（1）铅笔式眼线笔：色彩自然、柔和，便于初学者掌握使用，但由于材质的特殊性，保留不持久，易晕妆。选择时注意选择质地柔软，不宜太硬，描画时无刺痛感，且方便着色的眼线笔。

（2）眼线液：质地浓厚，色彩饱和度高，比较夸张，颜色非常丰富，以黑色为主，还有棕色、蓝色、褐色等，是传统的眼线液态化妆品。它通常收干后防水防油，不易晕开，多用于夸张的浓妆。（图3-35、图3-36）

（3）眼线膏：质地介于眼线笔与眼线液之间，颜色饱和、质感强、妆效持久，能保持长时间不晕开。但开封后很容易凝固变干，因此要妥善保管。（图3-37）

（4）水溶性眼线：质地属于粉状，使用时，眼线刷醮上水溶性眼线粉后再化。化出的眼线自然，不易脱妆。（图3-38）

3. 眉毛类

眉毛是整个妆容的重要组成部分，作用在于辅助和强调眼部的整体效果，同时也增加面部立体感，达到画龙点睛的效果。常用的有黑色、灰色、咖啡色。

（1）眉笔：是现代化妆中一件必不可少的工具，一般削成扁平的鸭嘴状，使用时与眉刷配合，化出自然立体的眉形。（图3-39）

（2）眉粉：是眉毛的专用粉饼，配合眉刷使用。上色比较自然，比眉笔更容易掌握力度和效果，可以配合眉笔使用，使眉毛更加立体有形。但眉粉容易掉渣，也容易脱妆。（图3-40）

（3）塑眉胶、染眉膏：塑眉胶、染眉膏是打造完美眉形的辅助工具。塑眉胶让眉毛自然定型不杂乱，特别对于杂乱或垂吊的眉毛非常实用。染眉膏与染发膏具有相同的功能，主要是改变或淡化原有的眉毛色彩，对改变又黑又浓的眉形能起到非常好的效果。（图3-41）

4. 睫毛膏

睫毛膏用来涂抹睫毛，起修饰、美化睫毛的作用。质地分为霜状、膏状；色彩有黑色、棕色、蓝色、透明色等；功用分为自然型、加长型、浓密型、卷翘型、防水

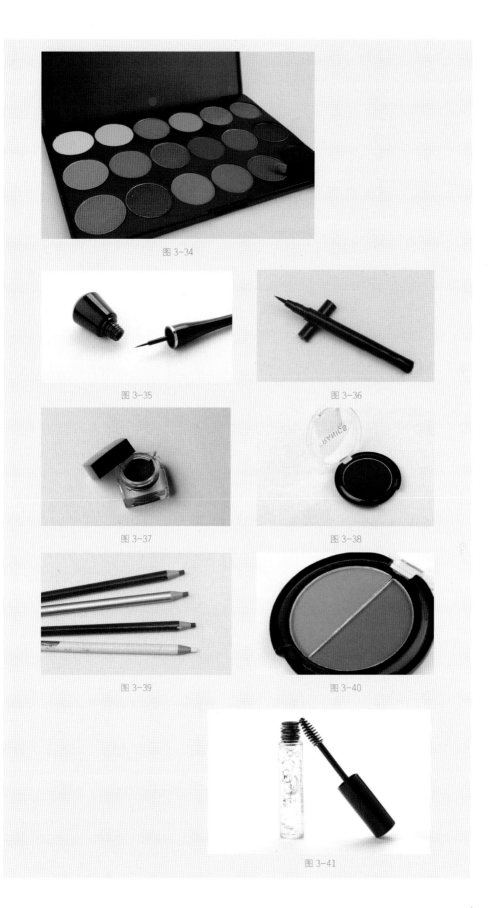

图 3-34

图 3-35

图 3-36

图 3-37

图 3-38

图 3-39

图 3-40

图 3-41

型等。睫毛膏管内膏体容易变干凝结而变质，所以要小心存放。（图 3-42）

图 3-42

（六）腮红类

腮红色又称为颊色或胭脂，涂抹于面颊，使面部肤色红润、健康，并且可以起到修饰和调整脸型的效果。颜色多为含红色成分的暖色调，如粉色、粉红色、橙色、肉色、棕红色等，质地包括粉状、膏状、液态三种。

1. 粉状

粉状腮红是目前使用最多的，用于定妆之后，带给皮肤红润效果。（图 3-43）

2. 膏状

膏状腮红在粉底之后、定妆粉之前使用，带给肌肤更细腻更真实自然的效果。（图 3-44）

3. 液态

液态腮红比粉状和膏状腮红更薄透、自然，有时也可以当唇彩使用，便于携带。但它干得比较快，点在脸颊上后要快速推开，否则不易推均匀。（图 3-45）

图 3-43 　　　　　　　　　　　　　　　图 3-44

图 3-45

（七）唇部

唇是展现一个人内心世界的外部窗口，在面部化妆中起着重要的衬托作用。通过对唇的修饰，不仅能增强面部色彩，还能提升一个人的个性美。

1. 唇线笔

唇线笔在现代日常女性化妆中使用的频率越来越小，因为唇线笔勾勒出的唇形过于刻板、夸张、不自然。但每个人都不可能拥有完美无缺的唇形，比如左右唇形不对称或唇峰不明显等问题就需要唇线笔来解决了。唇线笔以红色系为主。（图 3-46）

2. 唇膏

唇膏的主要功能是修饰唇型，改善唇色，强调唇部色彩及立体感。一般呈固体膏状，质地稍干和硬。好的唇膏必须是无毒、无刺激、无异味的，选择时一定要选择品质过关的产品。唇膏多以红色系为主，具体用色配合妆面设计去挑选和调配。（图 3-47、图 3-48）

3. 唇彩

整体呈黏稠液状，含有丰富的滋润油脂和闪光因子，柔软而富质感。配合唇膏使用，主要是涂抹在唇的中部，突出唇部立体感，增强唇部性感效果。（图 3-49）

图 3-46

图 3-47

图 3-48

图 3-49

第二节　脸型、五官的修饰与矫正技法

图 3-50

中国传统审美总结出一个面部美比例的标准，面部的宽度与长度形成一个比例为 0.618 的长方形，比例恰当、左右对称的面部最让人赏心悦目。所以在化妆造型之前准确地了解和掌握什么是标准的脸型和五官非常重要，避免盲目下手。每个人的体貌特征都是独一无二的，在造型的过程中要善于捕捉每个人的特点，结合化妆技法去展现个人魅力。

一、标准面部五官比例

脸形的长度和宽度是由五官的比例结构所决定的，标准的五官比例以面部"三庭五眼"为依据。（图 3-50）

"三庭"是指脸的长度比例，将人的面部纵向分为三等份——上庭、中庭、下庭，并各占脸长度的 1/3。

上庭：从前额发际线到眉心。

中庭：从眉心到鼻底。

下庭：从鼻底到下颌底。

"五眼"是指脸的宽度比例，将人的面部横向分为五等份，以自己的一只眼睛长度为测量标准。两眼内眼角之间距离、左发际线到左外眼角之间距离、右发际线到右外眼角之间距离分别是一只眼睛的长度，这五部分均匀占眼部水平线面部宽度的 1/5。

二、底妆修饰技法

为了更好地塑造面部立体感，底妆可以选择深浅不同的三个粉底色。

1. 基底色
用接近于自己肤色的粉底色均匀上底色。

2. 提亮色
用浅于基底色 2 个号的粉底色为面部提亮，增强面部立体感。提亮区包括前额、鼻梁、下巴、眉骨、两颊颧骨上侧等。

3. 收缩色
用深于基底色 2 个号的粉底色收缩脸部轮廓或凹陷的位置。比如两边腮骨、颧骨、发际线、鼻梁两侧、鼻翼等。

三、不同脸型化妆的修饰矫正技法

以面部"三庭五眼"对应的关系为矫正脸型化妆的基本依据，就是运用化妆技法把其他脸形修饰矫正为标准脸形。

脸　形	突出特征	脸形修饰	鼻型修饰	眉型修饰	眼部修饰	腮红修饰	唇部修饰
圆脸形	脸短、颊圆、肉多、骨骼不明显	用阴影色收缩脸的宽度，用提亮色提亮T字区，加强纵向感和立体感	拉长鼻型，增强立体感	上扬长眉、眉峰略带棱角	修饰重点在上眼睑，适当加长眼形长度	强调面部结构，加强立体感和纵向感	唇峰略带棱角，唇形圆润饱满
菱脸形	前额窄、颧骨突出、下巴过尖、太阳穴和两颊凹陷	用阴影色收缩颧骨和下巴，用提亮色提亮太阳穴和两颊，适当扩大前额两侧发际线，使面部丰润柔和	鼻梁挺阔，不宜过窄	圆润上扬长眉，眉头适当后移	修饰重点放在外眼角，适当加长外眼线并上扬	颜色淡雅，以划圆圈的方式围绕颧骨晕染，避开最高点	用色鲜艳，唇峰不易过尖，尽量圆润
方脸形	前额和下颌腮骨等宽而方、骨骼明显	用阴影色收缩前额和下颌腮骨，用提亮色提亮T字区，加强面部柔和感	高耸挺拔，不宜过窄	圆润上扬，眉峰适当前移	强调眼部圆润感	强调脸部的圆润感和收缩感	圆润，唇峰不宜太近
长脸形	三庭过长、两颊窄	用阴影色收缩前额和下巴，加强面部横向感	不强调鼻侧影，加宽鼻梁	粗平直长	修饰重点在外眼角，适当加宽加长	横向晕染	上唇圆润饱满，下唇适当加宽
正三角脸形	前额窄下颌宽大，脸的下半部宽而平	用阴影色收缩下颌宽大部分，用提亮色突出下巴尖，适当扩大前额两侧发际线	高而挺拔，鼻根部不宜过窄	细上扬长眉，两眉间适当宽些	修饰重点在外眼角，适当斜向上加长	用深色系涂于颧弓下陷处	圆润
倒三角脸形	上庭长、前额宽、下颌窄而尖	用阴影色收缩前额和尖下巴，用提亮色让两颊饱满，使面部丰满	增强鼻梁立体感	上扬，不易太长、两眉间适当缩短	修饰重点放在内眼角，外眼角不宜过长	横向晕染，面积不宜过大	用色鲜艳，唇形不宜过大，要丰满

四、五官化妆的修饰矫正技法

（一）鼻部化妆的修饰

图 3-51

鼻部位于面部的正中央，长度占面部的 1/3，是面部五官中唯一的纵向线条，也是面部的最高部位，同时突出面部的立体感；宽度是鼻翼的间距，向上正好与两内眼角位于一垂直线上。（图 3-51）

鼻部是由鼻根、鼻梁、鼻头、鼻翼、鼻孔、鼻唇沟六大部分组成。一般以高高的鼻梁、尖尖的鼻头、适中的鼻翼、不露出鼻孔的鼻子为标准。

鼻部的修饰技法主要是运用色彩的深浅和明暗描画鼻侧影和提高光色来完成。侧影色运用收缩色，涂抹在鼻梁与内眼角的中间，向上沿着眼眶往眉头晕染，向下逐渐过渡慢慢消失。鼻侧影是一个面，而不是一条线，重点在鼻底处。

鼻的外形因人种、地域、性别的不同而有所不同。鼻部的长短、宽窄、高低直接影响面部的轮廓和宽度，所以熟练掌握各种鼻形的修饰技法非常重要。

鼻 型	突出特征	修饰技法
塌鼻梁	鼻根低、鼻梁与两眼在一个水平面	用提亮色提亮鼻梁中部；用阴影色涂于内眼角与鼻梁的中心位置，然后用刷子的平面把阴影色向上晕染与眉头衔接，再向鼻梁和内眼角方向晕染，然后顺着鼻梁边向鼻尖处晕染，做到上重下轻，自然过渡
鼻梁不正	鼻梁偏离中轴线，向一边倾斜	在倾斜这面鼻梁及鼻翼上扫阴影色，另一面用提亮色
大圆鼻头	鼻头肥大，鼻翼宽	把鼻尖提亮，鼻翼两侧涂阴影，落笔点在鼻翼突出处往鼻尖方向晕染，用色宜浅、自然
长鼻子	中庭过长，脸显长	适当降低鼻头，减少鼻侧影的长度，重点加强鼻部中间的刻画
短鼻子	中庭过短，脸显短	适当上抬眉头，从眉头位置向鼻尖处纵向刻画鼻侧影
弯鼻梁	鼻梁中间鼻骨不直	用阴影色涂在突出去的鼻骨上，用提亮色涂在弯曲凹陷处，从视觉上变直

（二）眉型化妆的修饰技法

图 3-52

眉毛在面部五官中非常突出醒目，也最容易引起别人的注意，对修饰脸型、眼睛都起着重要作用。眉毛不是独立存在于面部，它的形状与用色需要结合眼睛、脸型，以及发色一起来审美。（图 3-52）

1. 标准眉型五大法则

第一，一条眉毛由眉头、眉腰、眉峰、眉尾、眉梢五部分组成。

第二，眉头位于鼻翼外边缘、内眼角的垂直延长线上，眉峰位于眼睛平视前方眼珠的外边缘垂直线上，眉梢位于鼻翼、外眼角的延长线上。

第三，眉腰占整条眉毛的 2/3，是眉头斜 45 度角向上至眉峰部分。

第四，眉尾占整条眉毛的 1/3，是眉峰斜 45 度角向下至眉梢部分。

第五，眉形总体呈现是眉头低于眉尾；两头虚、中间实，并且浓淡、稀密适中；眉峰位于整条眉毛的最高点。

2. 眉形的描画

描画眉毛一般选择深棕色、灰色、黑色。

（1）选择适中的眉粉色从眉腰落笔向眉梢轻扫，然后用眉刷上的余色从眉腰向眉头部分轻扫。

（2）用眉笔去强调眉毛中间部分，顺着眉毛的生长方向一根根地描画，让眉毛看上去更加自然、立体。

眉　型	突出特征	修饰技法
眉毛浓厚杂乱	眉毛粗密色重、杂毛过多	先修刮掉多余杂毛，用剪刀配合眉梳整体打薄眉毛，描画时颜色避免过黑
眉毛稀缺散乱	眉毛稀少、色淡、残缺、杂乱	确定眉形，刮掉多余杂毛，再选择灰色或棕色眉毛描画，不宜过浓过黑
下垂眉	眉头高、眉梢低	将眉头上方和眉梢下方的眉毛适当刮掉，描画时尽量在眉头下方及眉梢上方进行弥补，形成平直眉效果
上斜眉	眉头过低，眉梢斜向过于上扬	将眉头下方和眉梢上方的眉毛适当刮掉，描画时尽量在眉头上方及眉梢下方进行弥补，让眉头与眉梢保持在同一水平
连心眉	两眉头距离过近并且中间相连	修刮掉中间相连部分眉毛，让眉头舒展，描画时前轻后重，眉峰适当向后移，整体向后拉长
离心眉	两眉头距离过远	描画时适当把眉头向中间延伸，但一定要自然，眉峰向前移，整体不宜过长

（三）眼型化妆的修饰

眼睛是脸部最吸引人的五官之一。由上眼睑、双眼皮褶皱线、上下睫毛、内眼角、外眼角组成，基本呈现出一个平行四边形，中国人一般内眼角低于外眼角。（图 3-53）

眼型修饰往往借助于眼线和眼影色彩的明暗变化来完成。

图 3-53

1. 眼线的描画

眼线这条线本身是不存在的，是人们为了让眼睛边缘更清晰，眼睛更大、更明亮或改变眼睛原有形状而加上去的修饰线。画眼线一般多用深色，比如黑色、褐色、深棕色、蓝色等，沿着睫毛根部描画，把睫毛一根一根之间的空隙填补上。眼线的长短、粗细对改变眼型十分重要。在描画时要求闭上眼睛，一只手斜向上绷紧眼皮，露出睫毛根部开始描画。

2. 眼影的色彩

眼影色分为阴影色、亮色、强调色、装饰色四大部分，这几种色彩各司其职，但又组合运用。阴影色起到收缩、凹陷的效果；亮色起到突出、饱满的效果；强调色是为了修饰某个部分，重点突显；装饰色可达到与众不同，增加妆面个性特征。

3. 眼影的上妆技法

（1）平涂法：把眼影色均匀、没有层次地涂刷在眼睑处。可以单色涂刷，也可以多色

眼型	突出特征	适合眼线	适合眼影	适合眉形
单眼皮	眼睑处脂肪少，无双眼皮，睁眼可见睫毛根	由内向外正常描画适当加粗，眼尾略上扬	正常用色晕染，或者用咖啡色在距上睫毛约5 mm处画一条弧线，逐渐向上晕染，造成"假双"效果	眉形随眼睛弧形自然描画，不可过粗
内双眼	睁眼后睫毛根部藏于上眼睑，眼睑处肿胀	粗厚眼线，睁眼略微看到眼线边缘，眼尾自然拉长	运用较深的冷色做向上晕染	粗，上扬眉
肥厚眼睑	上眼睑脂肪肥厚、水肿，结构不明显	眼线略宽，中间平直，尾部自然上扬，下眼线不宜为粗	棕色或褐色做结构眼影晕染，适合画出小烟熏效果	不宜过细，眉峰棱角突出
上吊眼	内眼角低，外眼角过高	上内眼线加强描画，下外眼角加重	用暖色系着重加强内眼角的眼影晕染	略弯曲的眉形
下垂眼	内眼角高，外眼角低	尾部加粗上扬，上内眼线可以不画，强调下内眼线	着重外上眼角眼影的晕染，下内眼角加棕色	平直或略上扬
圆眼睛	圆形，眼长过短	眼部中间细且平直，尾部上扬拉长，上下眼线不闭合	做横向拉长晕染，中间部分不宜过高	平直而长
小眼睛	眼裂过小	从内眼角至外眼角处由细渐粗描画，尾部适当加长，上下眼线不闭合	以棕色或灰色系，从上睫毛根部落笔向上晕染	不宜过粗，自然美观
细长眼	眼裂窄小，眼型偏长	上下眼线中部略粗，两头细，不能描画太长	选用暖色系做中部集中晕染，内外眼角处淡化	随眼型描画，不宜过粗过长
两眼间距过宽	两眼间距大于一只眼睛的长度	勾勒内眼角线	加强内眼角眼影的晕染	眉头前移，整体不宜过长
两眼间距过窄	两眼间距小于一只眼睛的长度	从尾部开始向外拉长	加强外眼角眼影的晕染	眉头后移，向后拉长

逐一涂刷。此种上色方法操作简单，适合平时的生活妆容。

（2）晕染法：由睫毛根部落笔开始向上向外晕染，色彩形成下深上浅，自然晕开。这又称为立体晕染法，使眼部层次分明、丰富多彩，明暗过渡自然，突出眼睛的立体感。烟熏妆适合此种晕染法。

（3）结构法：强调眼部结构的眼影上妆方法。此种方法在描画时需要清楚眼部的构成，了解绘画中的明暗对比关系。倒钩法和假双法适合此种结构法。

4.睫毛的修饰

浓密卷曲的睫毛让眼睛更加漂亮有神，同时让女性更加妩媚动人。

（1）真睫毛的修饰：眼睛向下看，用手绷紧眼皮，把上睫毛全部装入睫毛夹，从根部用力开始夹，分三段完成，停三秒后往外推再夹。睫毛膏以"Z"字形从睫毛根部开始向末梢开始刷。

（2）粘贴假睫毛：先把真睫毛夹翘，假睫毛与眼睛长度量一下，把长的部分剪掉。用睫毛胶涂在假睫毛根部，然后涡起来凉一下，让假睫毛形成自然弧形以便与眼形相结合。把假睫毛先放在真睫毛根部的中间部分，然后再压两头与其结合。

假睫毛粘好后，再与真睫毛一起涂刷睫毛膏，切忌真假睫毛出现两层。然后在睫毛的边缘画上眼线，让假睫毛的边缘更加自然。

五、唇型化妆的修饰

唇部位于面部的下庭处，占下庭的1/2略靠上。唇峰位于鼻孔外边缘的垂直延长线上，嘴角在眼睛平视前方眼球内边缘的垂直延长线上。下唇最厚处大约是上唇的2倍，嘴角微翘，轮廓清晰。（图3-54）

图3-54

嘴唇在人们交流的过程中尤其醒目，所以唇部的修饰也显得非常重要。通常可以用到唇线笔和色彩去改变一个人的原有唇型。

在修饰唇部时首先选择适合妆容的口红色均匀涂抹在唇部，然后使用唇彩或唇蜜涂抹下上唇的中部起点缀突出作用，切忌大范围使用唇蜜。

唇　型	突出特征	修饰技法
嘴角下垂	嘴角弧线直接向下	用唇线降低唇峰，唇角略提高，嘴角用棕色笔转一圈上色内收，上下唇线相交上扬，唇中部提亮
上下唇比例失衡	上唇太厚或下唇太厚	对于过厚的唇型用粉底遮盖收边缘，过薄的一边用唇线笔扩充出丰满圆润的唇型；厚的唇型用唇色时重点涂于唇心，薄的唇形可以用亮色口红使唇丰满
左右不对称	一边大一边小	先用唇线笔做矫正处理，大的往回缩，小的往外扩，扩充部分用色一定要自然过渡
唇形过大或过小	使面部比例失调	用唇线笔勾画唇形时，过大的回缩，过小的整体往外扩。使用口红时过大的宜选用中性色彩，过小的用偏暖的亮色。重点注意勾画部分的自然衔接

第三节　化妆的基本步骤

化妆是对面部整体的美化与修饰，是对五官之间彼此关联强调的艺术创作过程。从调整肤色、刻画五官等每一个细节入手，扬长避短，突出自身优势，以达到美化自我的目的。如何才能化好一个妆容？从何下手？这些都需要我们从专业的角度出发，掌握和了解化妆的基本程序，并反复练习，才能得以进步和完善。

一、化妆前的准备

（一）化妆环境的准备

化妆环境尽量安静、干净、简洁，如适宜而充足的光源，大小合适且不变形的镜子，能放置化妆用品的工作台，可调整高度的椅子。

（二）化妆工具与化妆品的摆放

把化妆套刷铺开，化妆用品按使用顺序依次摆放，这样方便使用从而避免漏用。

（三）模特的准备

化妆时，首先把模特整个面部露出，把遮着面部的所有头发向后卡好，以防弄脏模特头发；其次，为了避免弄脏模特衣服，请用围布遮好模特胸前服装。

（四）观察与交流

观察与交流是化妆师必备的能力之一。通过观察可以判断模特的面部比例关系、优缺点等，通过交流可以了解到模特的喜好，以及打造此款妆容的用途。这样化妆师才能做到心中有数，有的放矢，从而避免盲目下手，为完成一个妆容打下良好基础。

二、化妆的基本步骤

（一）清洁、保养皮肤

清洁、保养皮肤，解决面部瑕疵，为呈现完美的肤色打下良好的基础。（图3-55）

图 3-55

（二）修眉毛，粘贴双眼皮

根据被化者的脸型和所打造的妆面来确定眉毛的形状，用刀片刮去多余的杂毛。粘贴双眼皮是根据被化者的眼皮条件去修剪合适的美目贴形状粘贴在眼皮褶皱处，让原本的单眼皮或内双眼皮变成双眼皮。（图3-56）

（三）涂抹粉底

作为化妆的基础，涂抹粉底指的是修饰出一张最接近完美的肌肤。化一个漂亮妆容，最重要的就是要调整好底色，而底色好比建造一座大楼的地基，在整个妆面中起着非常重要的作用。（图3-57—图3-59）

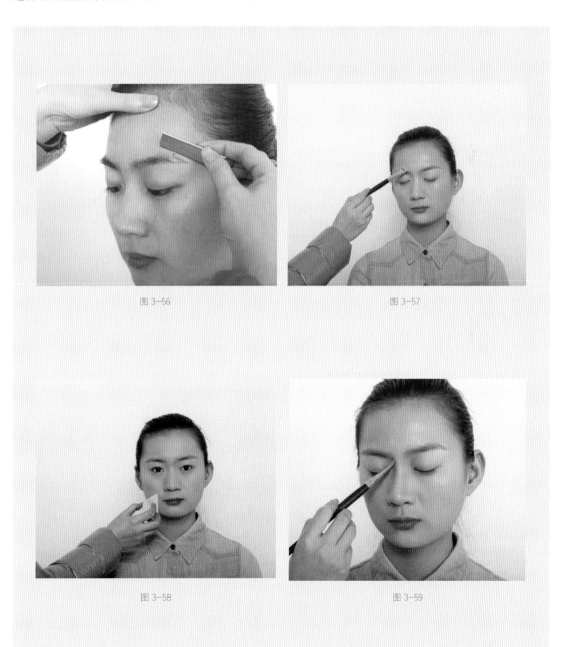

图3-56

图3-57

图3-58

图3-59

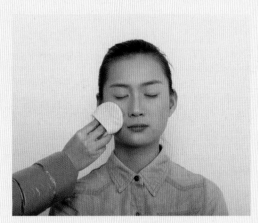

图 3-60

图 3-61

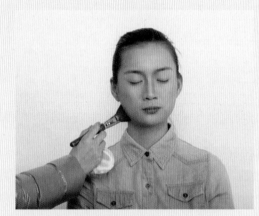

图 3-62

图 3-63

（四）扑定妆粉

扑定妆粉，简称定妆。定妆粉又称为蜜粉或散粉。（图3-60）

（五）修饰鼻梁

修饰鼻梁主要是指晕染鼻侧影。鼻子位于整个面部的正中，其位置突出、醒目，立体感最强。鼻型是否理想，直接影响到一个人脸型的完美性。（图3-61）

（六）矫正脸型

由于每个人的面部骨骼大小不一，脂肪厚薄不均，这些差异形成了不同的脸型，在化妆的过程中可以利用修容饼中高光色与阴影色搭配使用形成的错视法，结合化妆手段使人面部优势得以展现，不足得以弥补，从而达到矫正脸型的效果。（图3-62）

（七）眼部化妆

眼部化妆是面部化妆的重点。通常用到两种技法：①修饰化妆技法，在比较理想的眼部基础上稍加修饰；②矫形化妆技法，对原有的眼型作适当改变。

（1）描画眼线：突出眼睛的轮廓，改变眼形，弥补眼部轮廓的不足。（图3-63）

（2）晕染眼影：通过眼影色的晕染，达到美化眼睛的目的，同时起到修正眼形的效果。（图3-64—图3-66）

（八）描画眉毛

眉毛要根据每个人的脸型、眼型、五官比例以及性格来加以描画。描画眉毛最重要的是与脸型和眼睛协调一致，还要保持左右的对称性。（图3-67）

图 3-64

图 3-65

图 3-66

图 3-67

（九）颊部化妆

颊部化妆又称之为颊红、腮红、胭脂。以各种红色系在颊部形成朦胧的红晕，同时也起到修饰脸庞的效果。（图3-68）

（十）唇部修饰

唇部修饰在女性化妆中不可或缺，是表现女性风采的重要手段之一。通过唇膏的色彩展现不同的女性美。（图3-69）

（十一）修饰睫毛

为了增加双眼的神采，放大眼睛轮廓，在眼部不仅要描画眼线，晕染眼影，还要夹卷睫毛，刷睫毛膏或粘贴假睫毛来美化双眼。（图3-70—图3-75）

图 3-68

图 3-69

图 3-70

图 3-71

图 3-72

图 3-73

图 3-74

图 3-75

（十二）整体修正

化完以上程序后，从镜子中局部到整体再到局部仔细地检查。

（1）定妆：抑制过度光泽，吸收油分，增加妆容的持久性。

（2）检查：检查眉毛、眼线、眼影、腮红、鼻侧影、上下唇部是否左右对称，整个妆容是否和谐统一。（图 3-76、图 3-77）

图 3-76

图 3-77

课后练习★
KEHOU LIANXI ★

1. 准备化妆工具与化妆品。

2. 化妆工具与化妆品的认识与运用。

3. 化妆步骤的灵活运用。

4. 在绘图纸上练习标准脸型、不同脸型的矫正，标准五官、五官的矫正。

5. 观察身边的同学脸型与五官，并能熟练指出脸型、五官的修饰技法。

第四章
生活化妆造型

课程内容：清新少女妆 / 男士生活妆 / 女性职业妆 / 个性晚宴妆 / 魅力烟熏
妆 / 甜美新娘妆 / 蕾丝创意妆

教学目的：使学生能够掌握不同妆面的特点及要求，并能举一反三熟练完
成妆面的描画。

课前准备：预习教科书中的理论知识，并通过网络或课外书籍大量收集各
式妆容。

　　生活化妆是一类非常自然、真实、略带修饰性的妆面，重点是扬长避短，突出
自己的优点，展现个人的精神风貌。修饰时注意自然得体、个性鲜明，增加自己的自
信与魅力。生活中人与人是近距离相处，所以妆面不宜过于夸张，总体要求干净漂亮、
淡雅柔美。

第一节　清新少女妆

　　此妆容重点突出少女——这一年龄段的青春朝气，以清淡自然为主，切忌浓妆
艳抹。

（1）底妆：打造健康自然、薄而通透的肌肤。润肤后先上隔离霜，隔离色以接近自
　　　己的肤色为宜。皮肤修饰不要一味地追求白，以细腻、均衡、娇嫩、有光泽、
　　　健康为主，接近自我的自然肤色。取适量粉底液或粉底膏由上往下、由里往外
　　　延伸涂抹。重点注意眼窝、鼻窝、嘴角处。扑上定妆粉，吸去表面油光，牢固
　　　妆面。

（2）眉毛：以保持自然清新为主，一字眉适合少女妆容。眉毛太过零乱的女孩可刮去

多余的杂毛，太稀疏有缺陷的眉毛可用灰色或棕色眉笔加以弥补，太过浓黑的眉毛可以使用染眉膏加以修饰，保持自然而且有型。眉毛整体切忌太长、太细、太厚重，也不用刻意地去修饰。

（3）眼部：强调眼形圆而大、明亮清澈。首先用白色眼影涂抹在上眼皮处打底，然后用棕色系眼影由深至浅从睫毛处向上晕染。

    眼线不宜过粗、过死板，在根部稍加修饰即可，眼影不宜夸张，睫毛刷自然黑色，稍加浓密就行，尽量不装假睫毛。

（4）腮红以粉色或橘色为主，轻轻刷在两颊笑肌上，打造出粉嫩的水润感。上完腮红后用刷子上的余色轻扫一下额头和下巴，让整个脸更加立体，表现出活泼、甜美可爱。

（5）唇色以粉红或橙色进行点缀，表现出少女的纯净粉嫩。使用唇膏时选择薄而透的唇蜜，尽量不用厚而重的口红。

（6）此款清新少女妆，粉嫩、阳光、不留痕迹的修饰让美来得更加自然清新。发型多搭配马尾，把美丽纯净的少女模样展现得淋漓尽致。（图 4-1、图 4-2）

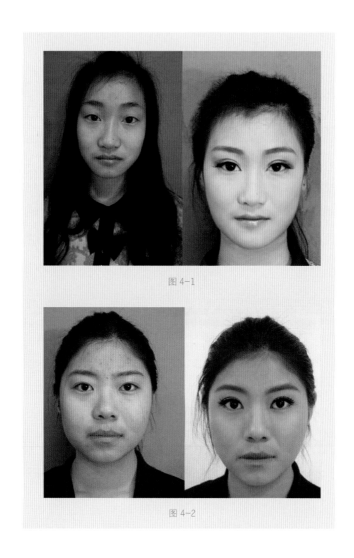

图 4-1

图 4-2

第二节　男士生活妆

日常生活中男士化妆的不多，只有一小部分重视自我外部形象的男士会在生活中应用化妆技巧，但随着时代的发展和进步，相信会有更多的男士越来越重视自己的外表。除了在一些特殊场合，生活中的男性化妆更多适用于名人，以及重视自我外部形象的普通男士。男性化妆相对于女性的妆容简单很多，主要是对面部五官予以适当的强调或淡化，体现男人的阳刚、清爽、积极向上的正面形象。

（1）修面：剃刮胡须，做皮肤妆前准备工作。（图4-3）

（2）用橙色的遮盖色对须根部位进行修正。（图4-4）

（3）皮肤底色选择略深或接近自己的肤色。男性的底妆对整个妆面至关重要，一定要薄、透、均匀。（图4-5）

（4）用双修强调男性的立体感。（图4-6、图4-7）

（5）眉毛不宜刻意修饰，太过零乱可以刮去多余的杂毛，太稀疏可用灰色或棕色加以

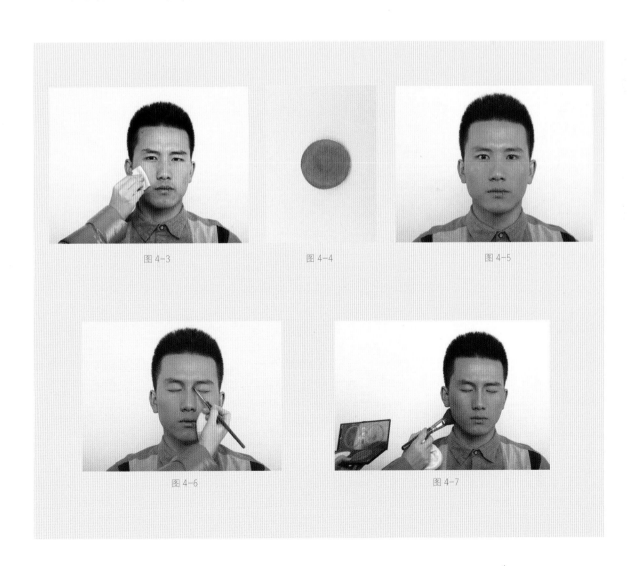

图4-3　　　　　　　　　图4-4　　　　　　　　　图4-5

图4-6　　　　　　　　　图4-7

图 4-8

图 4-9

图 4-10

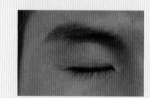

图 4-11

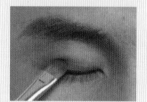

图 4-12

图 4-13

图 4-14

图 4-15

弥补，保持男性所特有的剑眉。（图4-8、图4-9）

（6）眼部修饰不宜夸张，用提亮色减轻眼睛下面的阴影或减少眼窝部位的深度。
（图4-10—图4-12）

（7）腮红以棕色系为主，扫在外轮廓处。（图4-13）

（8）唇部修饰突出立体感，可用棕色眉笔勾勒强调唇峰，然后用海绵块轻压此处，使
唇峰自然。唇色根据男士的自身嘴唇颜色去增减色调，不宜出现红、粉、紫等类
色。（图4-14）

（9）整体检查修正。（图4-15）

第三节　女性职业妆

职业女性不仅有漂亮、端庄、整洁的外表，同时由内散发出自信、成熟、干练
的气质。打造女性职业妆容，重点突出女性的大方、典雅、端庄得体。

（1）底妆：肤色强调轻透自然。首先遮掩面部的瑕疵，然后用深浅不同的粉底色去强
化面部的立体感，收缩脸部轮廓。浅色粉底涂抹于"T"——眉毛上方、鼻梁、
下巴、框上缘、眼底下方，从而强调脸部立体感。

（2）眉毛：根据脸型修理出适合的眉形，干净、整洁、精致，描画时多用棕色、灰色
或黑色眉笔。切忌出现"八字眉"，也不宜挑得太高；忌带棱角，给人愁眉苦脸
或妖艳妩媚的感觉都是不得体的。

（3）眼部：眼影色彩以大地色为主，在靠近睫毛根部的位置添加深色，强调眼部的立
体感，在外眼角处加深颜色眼影，从而扩张眼型，让眼睛看上去更大、更明亮。
眼影晕染的范围不能过大，并且少用太艳太闪亮的珠光色。

眼线部分是不可或缺的细节，用深色系眼线膏或眼线液描画眼线，强调眼睛神韵，
改变眼睛的形状，使双眼更有神采。睫毛膏要认真涂刷，做到根根分明。注意选择眼
部产品时切忌使用容易脱妆的产品。

（4）腮红部分修饰以自然、红润健康为佳，多选用橘红系。在脸颊处由外往里、由上
往下斜扫。

（5）唇部修饰轮廓干净，以健康向上的红色系为主。可以将口红均匀地涂满整个唇部，
用纸巾吸一下，然后扑上薄薄的定妆粉，再重复涂一次口红，最后均匀地涂上透
明的唇彩，让唇部呈现出自然、透亮、水嫩的丰满感，而且不易脱妆。

（6）职业女性可以根据自己的职业特征去打造适合自己的外部形象。

比如一名护士，塑造出和蔼可亲、整洁干净、健康、让人信任的外部形象就非
常得体。（图4-16）

一位时尚造型师，在装扮自己的时候，要考虑把时尚的元素运用到自己的造型中，
成熟中透出自然时尚感，让第一次见面的顾客通过对你外表的喜爱和认可，从而信任
你的职业水平。（图4-17、图4-18）

公务员作为人民的公仆，理应大方朴实、平易近人，所以造型时妆容一定要淡雅、端庄、正直、精神抖擞，千万不能出现浓妆和个性化妆容。

图 4-16

图 4-17

图 4-18

化妆与造型

第四节 个性晚宴妆

晚宴是比较隆重的社交聚会，也是一次争奇斗艳、展现自我的好机会。不同的晚宴主题将呈现不同的晚宴造型，高贵、冷艳、妩媚等都可以展现出女人的不同魅力。但如何做到标新立异？如何才能成为整场宴会中最耀眼的星星？

（1）底妆：晚宴场所的灯光不会特别的明亮，但有时会有光束扫射到我们脸上，所以肤色的修饰不能马虎。首先遮掩面部瑕疵，调整肤色，选择珠光粉底打造出晶莹剔透的肌肤效果，利用粉底的明暗色彩塑造出面部立体感。最后用粉扑蘸取定妆粉加强"T"字部位定妆，让妆容保持得更持久，避免出现满脸油光。

（2）眉毛：以清晰、立体为主，多搭配高挑圆润的眉形。首先用刮眉刀片清刮掉眉形旁的杂毛，然后用棕色或灰色眉笔进行描画，再用眉刷梳刷整理，做到深浅过渡自然，根根分明，具有体积感。

图 4-19

（3）眼部：眼妆是整个妆面的重点。眼影用色根据服装、头发色彩以及妆容的设计感来确定，可以选择单色系，如黑色、棕色，也可以多彩色搭配结合使用，还可以选择珠光质地的眼影。眼影在晕染时可适当加大范围，上下眼部都加上眼影。（图 4-19）

眼线选择防水性强的眼线液，上眼线在外眼尾处要略向上扬，下眼线由外往里描画，外粗内细，强调内眼角处的眼线描画，这样加强整个眼形的长度与宽度。此眼妆需要粘贴假睫毛，并适当夸张，表现出双眼的朦胧与妩媚。

（4）腮红根据妆面来选择用色，在颧骨处斜上方晕扫，强调面部结构感。

（5）唇的修饰可自然弱化，也可以夸张突出，可以借用唇线笔的描画去改变原有唇形，但唇线描画时要淡。先用口红色涂满整个嘴唇，再用唇彩点缀在上下唇的中部，从而突出部位的立体感，使其丰满迷人。（图 4-20）

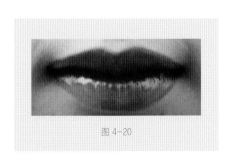

图 4-20

（6）个性晚宴妆突出的是自己的个人魅力，这个妆面一定要具有设计感。妆面、服装、发型三个部分完美结合才能达到理想效果。（图 4-21、图 4-22）

图 4-21

图 4-22

第五节　魅力烟熏妆

烟熏妆给人一种夸张、野性之美，如今很多时尚女性都非常喜爱这款妆容。烟熏妆根据眼影上妆的范围、轻重又可以分为浓烈大烟熏妆和淡淡的小烟熏。

（1）底妆：以干净、清透为主，透出好肤色。首先遮掩面部瑕疵，然后用粉底膏将整个面部肤色调整均匀，并用深、浅两色强调面部立体感。用带珠光质地的定妆粉再次强调妆面的通透性，并保证妆面的持久性。

（2）眉毛：可选择高挑眉形，也可以是平直粗眉，具体眉形根据眉眼的距离和妆容设计需要去描画。眉形旁的杂毛一定要刮去，保持眼妆的干净度。

（3）眼部：眼妆的描画是此妆容的重点，用色不局限于棕色、黑色系，也可以用其他彩色系去晕染，达到不一样的妆容效果。

传统的眼影用色，用棕色系眼影从睫毛根部向整个眼窝晕染，贴近睫毛根部用黑色去加深，越往眼窝处颜色越淡。浓烈大烟熏晕染范围布满整个眼眶，而且黑色

图 4-23

图 4-24

图 4-25

图 4-26

图 4-27

图 4-28   图 4-29

面积也非常大。下眼睑部分用黑色眼影，外眼角范围大，向内眼角逐渐缩小晕染。（图 4-23）

　　彩色系烟熏妆，比如紫色系，先用浅紫色打底，涂抹在整个眼窝处，再用深紫色从睫毛根部向上晕染，最后在贴近睫毛根部可以用深棕色或黑色、蓝色去加深。下眼睑部分用紫色与黑色或蓝色一起晕染。（图 4-24）

　　眼线对于烟熏妆是不可或缺的，选择黑色眼线膏或眼线液描画。从眼部中间开始，加强眼部线条弧度，眼尾部分适当加长并向上提升。下眼线多画在内眼睑处，让眼睛深邃并大一圈。配合浓密的假睫毛让眼妆更加迷人。

　　（4）腮红作为加强面部立体感的辅助手段，在此款妆容上可选择自然橘色，在脸颊两侧从外向里斜向晕扫，起到收缩脸庞、增强视觉的效果。

　　（5）唇部修饰可以弱化，选择一款接近唇色并带有光泽感的唇彩涂满双唇即可。（图 4-25、图 4-26）

　　（6）烟熏妆重点强调眼妆效果，面部其他部分的妆容要淡雅自然。无论是浓还是淡的烟熏妆，眼影的晕染都非常重要，而且眼线的描画切忌太生硬，记得用棉棒适当晕开。（图 4-27—图 4-29）

第六节　甜美新娘妆

做最美丽的新娘是每个女孩的梦想，而结婚当天没有拍婚纱照的后期电脑修片，也不可能有任何弥补失误的机会，要成为甜美漂亮、光彩照人的完美新娘，就需要造型师100%的用心去打造。

（1）底妆：打造娇嫩的肌肤，白里透红，妩媚动人。先用遮瑕笔遮盖面部瑕疵，用橙色遮瑕膏掩盖黑眼圈和眼袋，这一步骤非常重要。因为烦琐的婚前准备、激动兴奋的状态都会影响新娘的睡眠，这会让皮肤变糟糕，所以必须要做好妆前准备。底膏选择偏粉嫩红色系，然后用透明定妆粉定妆，让整个脸庞的肌肤呈现出健康的嫩红色。提亮色正常使用，但收缩脸庞的阴影色少用，千万不要为了让脸变小而大面积地使用阴影色。

（2）眉毛：为了突出新娘的甜美可人，眉毛以自然眉形为主，多选择平直眉形，平滑圆润。选用灰色眉笔一根根地描画，然后再用眉刷梳理整齐，也可以适当使用染眉膏，让眉形自然立体即可。

（3）眼部：眼影多选用高明度的浅色调，表现出新娘的纯真、甜美。首先用浅粉色系打底，然后选择同类色加深睫毛根部的晕染，在外眼角处适当加入红紫色强调眼睛的形状，下眼睑处自然晕染，最后在上眼球处用白色高光提高，让整个眼睛妩媚明亮。

眼线用黑色眼线液描画，防水防脱妆非常重要。新娘在典礼上都会因情绪而流泪，晕妆的产品不适合新娘妆。上眼线流畅细致，不宜太粗；下眼线从外眼角往内眼角描画，画到1/2自然晕染过去，慢慢弱化。睫毛根据模特的自身长度浓密考虑是否加用假睫毛，如果本身够长够密，刷上睫毛膏就行，反之则粘贴假睫毛。假睫毛选择自然型，与真睫毛粘合到一起，切忌太过浓密厚重，给人一种假状。（图4-30）

（4）腮红选用淡粉色系均匀地涂在笑肌上，增加可爱、甜美感。（图4-31）

（5）唇部选择粉嫩的口红色，从唇里向外涂抹，里深外浅，楚楚动人。（图4-32）

（6）新娘妆待妆时间比较长，所以上妆前的肌肤深层保湿护理必不可少，化妆师要随时在旁注意补妆，还要注意脸部、颈部、臂部、背部肤色的统一、自然衔接。饰品对于打造甜美新娘妆也非常重要，太过于夸张耀眼的饰品要少用，还要注意色彩的统一。（图4-33、图4-34）

图 4-30

图 4-31

图 4-32

图 4-33

图 4-34

第七节　蕾丝创意妆

　　创意妆是指在化妆的过程中，把更多的外界元素运用到妆面里形成不一样的妆容效果。创意没有"对与错"，只有"成功与失败"，它没有一个固定的形式，只是一种创意思维的体现。一提到蕾丝，让人联想到的就是女人的柔情、成熟、性感、秘密，在某种程度上已经成为女性的专属用品。这款妆容通过蕾丝与眼妆的结合，打造出女人的另一种美。

（1）底妆：底妆用色根据设计的妆面去选择适合的底妆色。首先遮掩面部瑕疵，强调面部的立体感，然后定妆。

（2）眉毛：根据所要表达的妆面来完成，可把眉毛作为一个基础进行夸张，也可以正常描画，或粗或细，结合妆面来完成。

（3）眼部：修饰根据妆面设计要完成，眼影的色彩选择大多用冷色系，突出冷艳、高贵的气质。眼线必不可少，利用眼线去改变眼睛的形状，用黑色眼线膏先描画睫毛根部，然后再去夸张造型。假睫毛作为眼部搭配必需品，起到加强眼部效果的作用。（图4-35、图4-36）

（4）腮红的修饰结合妆面用橙色系斜向扫在颧骨上，增强面部的立体感。（图4-37）

（5）唇部的修饰为了突出眼妆的效果，可以选择弱化，用淡淡的唇彩涂抹均匀即可。（图4-38）

（6）蕾丝创意妆主要是借用蕾丝与妆面的结合，打造与众不同的一款妆容。形式可以

图4-35　　　　　图4-36　　　　　图4-37　　　　　图4-38

图4-39　　　　　　　　　　图4-40

图 4-41

多种多样，蕾丝的形状、色彩、材质都可以根据妆面的需要去选择。其重点在于如何把创意的思维体现出来，而且做到与妆面完美结合。（图 4-39—图 4-41）

课后练习★

KEHOU LIANXI ★

1. 掌握每个妆面的特点，加强每个妆面的练习。

2. 找一位模特，根据不同场合设计三款不同的妆面。

3. 描画妆面效果图。

第五章
艺术化妆造型

课程内容：艺术化妆基础／戏剧影视角色化妆造型／电视节目主持人化妆造型／气氛效果妆

教学目的：使学生了解并掌握各类妆容造型的特点，并熟练运用。

课前准备：预习教科书中的理论知识，了解剧场环境，以及电影电视的成像技术。准备艺术化妆用具。

从化妆造型的角度讲，化妆分为生活化妆和艺术化妆。艺术化妆包括影视化妆、舞台化妆两类艺术性极强的化妆形式，运用各种化妆手段来改变和帮助演员塑造外部形象。艺术化妆与日常化妆有着本质上的区别，生活中的美容化妆更多的是打造一个美丽的"自我"，而艺术化妆是要根据剧情需要，把"自我"与角色相结合，通过化妆手段把"自我"改变成角色，变成典型环境下的一个典型人物。

在艺术化妆造型中，艺术形象的呈现不是独立的，是诸多部门努力后的结果展现，而艺术形象的外部塑造往往需要专业化妆造型工作者才能完成。当今的大众对美的感受以及审美观念在不断提高，化妆造型工作者除了精通自身的专业知识以外，要与时俱进，与其他部门配合，通过自己的思维和双手去设计和创造出更多更有技艺的人物形象，这也正是艺术化妆工作的任务和目的。

第一节　艺术化妆基础

艺术化妆是戏剧、影视剧、电视节目等表演艺术的人物造型手段之一，即根据典型环境下的典型人物去塑造不同的角色形象，根据剧本与节目的要求、导演的风格、演员的外部形象，利用化妆材料、毛发制品或塑性手段，对角色的年龄、身份、职业等特征进行行之有效的艺术创作。艺术化妆并不是单一的，不同剧种、不同节目类型、不同演出环境、不同的导演构思、不同的舞台风格等都会形成不同的化妆造型形式。通过化妆手段塑造的角色形象，从外部形象上得到演员自己以及同伴的认可，同时帮助演员更自信地投入到角色人物创作中，使演员出现在舞台或银幕上经得起观众的检验，能引起观众的共鸣，得到观众的认同。

一、艺术化妆用具

艺术化妆用具大多与基础化妆用具相同，但在完成特殊造型时还会用到以下用具。

1. 化妆油彩、化妆笔

油彩含有大量的油脂成分，其色彩鲜艳、丰富，可自由调配，特别适合戏剧舞台妆和影视化妆造型使用。

油彩化妆笔毛质柔软，笔尖的毛比较薄，便于晕染油彩。（图5-1、图5-2）

2. 上妆油、卸妆油

上妆油、卸妆油是专门针对油彩使用的。上妆油是在化妆前进行涂抹的一种油脂含量较高的护肤品。卸妆油，油脂成分含量较大，能溶解脸上的油彩，将油彩从皮肤上分离，起到清洁的作用。（图5-3）

3. 定妆粉

因为油彩油脂含量较大，使用后面部看上去油光更亮，这时就需要针对油彩使用专业的定妆粉，颗粒比通常的蜜粉要粗，吸附能力较强。（图5-4）

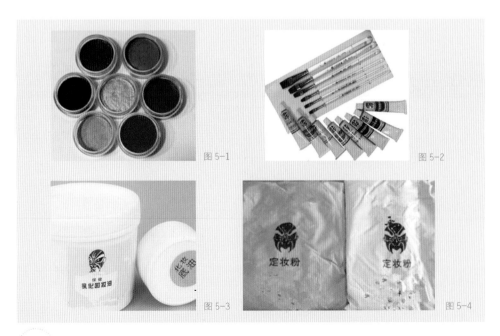

图5-1　图5-2　图5-3　图5-4

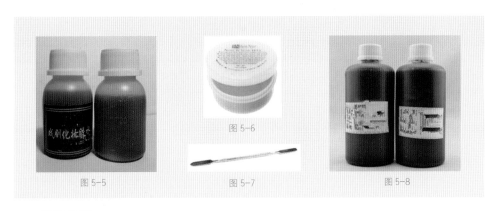

图 5-5   图 5-6   图 5-8

图 5-7

4.酒精胶

酒精胶是由松香和医疗酒精制成的,黏着力较强,适用于粘贴胡子、头套、牵引条、勒头带等。清洁酒精胶时,使用医用酒精棉轻轻擦拭即可。(图 5-5)

5.肤蜡

肤腊具有类似橡皮泥的柔软度,方便塑造呈现局部立体效果。(图 5-6)

6.塑型刀

塑型刀由金属制成,刀的一端为尖锐的三角形,另一端为菱形,适用于肤蜡、油彩、化妆品等的使用。(图 5-7)

7.血浆

血浆又称为"人造血",在特殊效果妆中受伤出血时使用。(图 5-8)

二、艺术化妆造型呈现流程

1.阅读分析剧本

主创人员通过阅读和解析剧本,捕捉故事的发生时间、地点、场景、人物,分析剧中人物形象,收集相关的参考资料,设计者可以充分地发挥想象力和创造力,对人物形象创作有个初步的形象定位。

2.主创人员确定剧作风格

导演是整个演出的总设计师。遵循导演意图,通过创作会议集合主创人员沟通与交流,统一舞美风格,了解服装形象,然后把化妆造型融入其中,开始进行意象中的化妆造型设计。

3.认识演员

演员是化妆艺术的创作载体。把演员与所扮演的角色形象结合起来,了解演员与角色之间是否存在差距,如何去解决、缩小或消除这个差距。

4.设计图呈现

用设计图来表现剧中人物形象,让剧中人物形象化、立体化。把设计思想和表现意图完全交代清楚。

5. 制作、试妆

把已确定通过的设计图中人物形象所涉及的所有物品动手制作出来，比如头套、胡须、假发、配饰、附件等都一一备齐。

演出前的试妆非常重要，这个过程是演出与造型者一起完成对角色的塑造。一是检验设计是否行得通，是否合适，有没有给演员增添负担，哪些地方还需要修改；二是把演员塑造成角色前的练兵。

6. 进场

把角色所需造型物品全部带入表演场地，进行正式演出之前的带妆联排与彩排，只有实际的演出形象才是衡量效果的最后标准，特别是对妆面色的浓淡、发型的比例、五官的处理等，还有演出中换妆、抢妆时间的把控等，对需要修正的地方作最近调整。

7. 正式演出造型

结合之前的试妆及带妆联排与彩排等，合理计划和安排好时间，对演员演出进行最后的呈现造型。

第二节　戏剧影视角色化妆造型

戏剧影视角色化妆造型主要包括戏剧舞台化妆、电影化妆、电视剧化妆三大方面。电影、电视剧化妆由于拍摄技术、呈现方式的相似性，如今在化妆技术上没有更大的差别。但戏剧舞台化妆由于剧场大小、灯光效果、观众的距离等因素，对妆面的要求比影视妆整体上浓厚，立体感塑造更夸张。

一、戏剧舞台化妆

戏剧舞台化妆是塑造人物形象的艺术手段，是根据舞台的特点用夸张的手法使演员符合舞台上的剧中人物要求的一种化妆方法。戏剧舞台妆，以帮助演员塑造角色外部形象为目的，如话剧、歌剧、舞剧以及戏曲演出中的化妆。根据剧本或剧种的要求，按照角色的身份、年龄、民族、时代、性格等因素塑造角色的外部形象，尽量缩小或弥补演员同角色在外形条件上的差距。由于剧种、剧目和导演要求的不同，化妆的手法和样式也各有差异，产生的效果也各不相同。其中有夸张性的、装饰性的、寓意性的，也有象征性的。

但随着戏剧的发展和演出形式以及演出风格的多样性发生着很大变化，化妆手段和样式也在变化。在舞台上演出，演员与观众之间的距离较远，使化妆具有舞台感，但妆面的浓淡夸张程度要根据舞台场地大小、观众与舞台的远近、场内灯光强弱等因素来决定。

真正的戏剧舞台化妆是在 19 世纪中期，由德国歌剧演员路德维格·莱奇奈首次用于舞台。

二、影视角色化妆

影视角色化妆是通过化妆手段去缩小和改变演员与角色之间的距离，通过各种手段为演员不露出任何化妆痕迹的一种化妆艺术。影视化妆分为本色化妆和角色化妆。本色化妆：演员需要保持自己的本色形象，但又需要遮盖缺陷和美化本来形象。角色化妆：对演员的外形进行塑造，以符合角色的形象和满足演出的需求。

我们日常所观看到的电影、电视，都是通过拍摄等一系列技术手段制作完成后，在电视或银幕上与观众见面，而电视与银幕上高清放大的演员特写镜头可以让观众把演员看得一清二楚，夸张到可以看清每一根汗毛，所以影视角色化妆要求对妆面描画真实、自然，细致入微，毫无破绽。如今我们的电视机呈像技术都是横向扫描，这使得屏幕上的事物都被横向拉宽，这对演员的脸型、身材有了更高的要求，瘦的、高挑的上镜相对会好看些。当造型师了解这一技术后，应该运用一切技术手段为演员呈现良好的屏幕形象。

马克思·法克特，俄罗斯籍假发制作及化妆艺术专家，最早发展了电影所需的化妆技术，并赢得了 1926 年的戏剧奖。

三、戏剧影视角色化妆造型

话剧《冬至草》讲述了一个关于第二次世界大战时期发生在日本东京的故事。（图 5-9、图 5-10）人物涉及老人、校长、教师、研究员、劳工等，而所有演员均是四川大学表演专业大四学生，导演要求还原历史，以写实的风格进行创作设计。在化妆造型中，服装与化妆做到真实地再现人物身份和主要特征。如何帮助 20 岁左右的学生去完成这些角色？如何让观众认同舞台上呈现的人物形象？这就需要我们在演员的外部形象上下功夫。

（1）根据剧本去分析角色的时代、身份、年龄、性格等人物因素，确定人物的不同色调、服装轮廓、款式、质地、色彩等。

（2）化妆设计，包括面部底色、五官以及发型的设计。

（3）主角是一个 20 岁左右的男生扮演的 80 岁在医院疗养的老人，在服装上突出他在医院疗养的感觉，从色彩、款式以及材质入手，让观众能一目了然。在妆容上，首先，使用年龄妆的化妆技法，肤色呈现出苍白不均匀、面部结构骨骼突出、肌肉松弛下垂，深深的抬头纹和鱼尾纹，头发斑白并稀少脱落；其次，让演员配合呈现 80 岁老人衰老的感觉，眼神混浊、声音低哑、腰弯背驼、步履艰难等。

（4）造型时细节不容忽视，日本人的服饰是非常讲究的，比如和服色彩的喻义、袖口的不同设计、腰带的穿戴等都有所考究，不能想当然地设计。

图 5-9
话剧《冬至草》剧照

图 5-10
话剧《冬至草》剧照

音乐话剧《今夜无眠》是一部兼有演唱形式的话剧，讲述的是当下一群年轻人追求梦想的故事。（图 5-11、图 5-12）这部话剧是四川大学表演系大四学生的毕业剧目，从人物的年龄上讲，演员与角色之间差别不大，只是身份上有所变化。所以在人物造型的时候，更多的是从服装、配饰入手去帮助演员呈现角色人物的形象。（图 5-13）

DV 短片属于电视电影范畴，妆容要求真实、细腻，不留任何化妆痕迹。如 DV 短片《卖米》中的演员是一名年仅 18 岁的城市女大学生，但在《卖米》中饰演的角色是一位 40 岁左右的农村贫苦家庭主妇，每天要下地干活，肩挑背扛样样都行。这就需要我们的演员去体验这种完全与自己不一样的生活环境和生活状态。而外形的神似得从肤色、发型以及服装去完成。（图 5-14）

图 5-11
音乐话剧《今夜
无眠》剧照

图 5-12
音乐话剧《今夜
无眠》剧照

图 5-13
音乐话剧《今夜
无眠》剧照

图 5-14　DV 短片《卖米》剧照

（1）底色：角色是一名农村妇女，每天必须下地劳作，而且非常质朴。为了符合角色的需要，选择一款深色的底色对演员进行不均匀的着色，打造出皮肤的粗糙感，并且在嘴角、鼻翼处加深色，适当遮盖眉尾。

（2）眉毛：随着年龄的增长，眉毛开始从尾部脱落，而作为一名农村妇女，她是不会去画眉的，所以在眉毛这一部分化妆时，尽量把眉尾弱化，不去修饰。

（3）皱纹：40 岁的农村妇女，由于天天的风吹日晒，没时间没金钱去保养皮肤，皱纹开始慢慢爬上脸庞。适当地加深鼻唇纹、眼部鱼尾纹、眉间纹、抬头纹等，以突出年龄感以及生活的不易。在描画时要自然，有重点地进行。

（4）发型和服装对一个角色的整体呈现相当重要。适当的白发，农村特有的服饰，会一下子让演员贴近这个角色。事实证明这个造型是成功的，《卖米》在北京荣获全国 DV 作品展三等奖。

第三节　电视节目主持人化妆造型

主持人是公众人物，也是一个很受人们关注的职业。主持人形象不是主持人的"个人形象"，而是一种特殊的公众形象，有其自身的特点。根据工作环境，主持人化妆一般分为基础化妆和演播室上镜化妆。根据电视节目类型的不同，主持人化妆又分为新闻类节目主持人化妆、综合娱乐类节目主持人化妆、生活服务类节目主持人化妆。

由于电视节目内容的不同，结合节目内容对主持人的外部形象塑造各有不同。张颂《主持人形象塑造艺术》一书中将主持人形象划分为"权威型""记者型""教师型""朋友型"和"演员型"五大类，根据这种分类，我们来讲解各类主持人的形象塑造。

一、外景主持人

外景主持人对长相要求相对比较宽松，这类主持人归类于"记者型主持人"。其主要是通过自己丰富的阅历、敏捷的思维能力、独特的视觉能力和即兴表达能力获得大家的认可。（图 5-15、图 5-16）

图 5-15   图 5-16

外景是在自然光线下，没有了演播室有效的灯光照明，但主持人还是要通过摄像机镜头与电视接收器的转换，在电视上呈现给观众。所以妆容重点在于美化得不留痕迹，其特点在于自然、真实，具有立体感。

（1）肤色修饰以健康为主，接近自我的自然肤色，要求薄而透。

（2）眉毛不宜刻意修饰，保持自然清新。太过零乱可刮去多余的杂毛，太稀疏可用灰色或棕色加以弥补。

（3）眼部修饰不宜夸张，以自然为主。眼线在睫毛根部稍加修饰即可，眼影不宜夸张，多选择棕色系，睫毛膏涂刷自然黑色，不粘贴假睫毛。

（4）腮红以橘色为主，呈现健康状态。

（5）唇色以粉红或橙色进行点缀。

（6）男士底色切忌过白和厚重，以自然肤色为主，妆面的重点在于强调面部立体感。

二、演播室上镜妆

由于摄像机镜头与电视接收器有一种消除空间感的特性，电视通常都是横向扫描，这就造成上镜后面部会变得平、大，毫无立体感可言。现在的高清技术对妆面的要求非常高，必须细致入微，在主持人原有的基础上强化优点，掩饰缺点，通过明暗关系塑造立体感，通过各种线条去传达面部美感，呈现出自然可信、更具立体感的妆面效果。

1. 新闻类节目主持人化妆

新闻类节目主持人被称为"台标"，是电视台的立台之本。强调妆容的正面效果，妆容以严肃端庄、大方自然为美。这类主持人归类于"权威型主持人"，无论形象还是语言可加强传播内容的可信性和严肃性。整体妆容避免使用珠光系列。（图 5-17、图 5-18）

图5-17

图5-18

（1）由于演播室灯光的原因，在选择底色时比自己肤色深一色度，以细腻、有光泽、健康为主，重点是修饰肤色，强调结构。

（2）眉型不宜过细过长，以灰色加棕色去描画。

（3）眼部修饰强调明亮清澈，眼线不宜过粗、过死板，在根部稍加修饰即可，眼影以棕色系为主，不宜夸张，睫毛刷自然黑色。

（4）腮红以橘色为主，从外往里在颧骨处斜下涂扫，增加面部立体感。

（5）唇色以橙色或自然色系为主。

（6）男士妆容重点在于面部立体感的强调，掩盖面部瑕疵，特别对黑眼圈和眼袋部分重点遮盖。眉形按"剑"形描画。

2.综合娱乐类节目主持人

综艺娱乐类节目多带有娱乐性质，给观众营造出一种轻松、欢快的氛围。主持人大多具有一定的表演能力，表情较为夸张，能歌善舞，并具有幽默感。造型上注重可观赏性，强调全方位化妆造型，个性鲜明，引领时尚潮流，以美化自己为目的。此类主持人归类于"演员型主持人"。（图5-19—图5-21）

（1）皮肤修饰以细腻、娇嫩、有光泽、健康为主。

（2）眉形以自然精致为主。可根据时尚的流行去选择平眉、挑眉等。

（3）眼部修饰强调眼形，眼线适度夸张，多选择眼线液或眼线膏描画。眼影用色可根据服装选择，可用相近色，也可用对比色。粘贴假睫毛。

（4）腮红以粉色或橘色为主，刷在笑肌上，表现出活泼、甜美。

（5）唇色根据妆容、服饰合理搭配。

（6）男士的妆容也比较浓，注重面部立体感，以及眉眼的描画。

图 5-19 　　　　　　　　　　图 5-20 　　　　　　　　　　图 5-21

3. 生活服务类节目主持人

以服务大众为出发点，像朋友、亲人一样以拉家常似的交流为主，轻松自然。主持人以热情、亲切、自然的姿态出现。主持人与嘉宾、观众的距离比较近，妆面要求以自然淡雅为主。此类主持人归类于"朋友型主持人"。（图 5-22、图 5-23）

（1）皮肤修饰以细腻、娇嫩、有光泽、健康为主，以接近自我的自然肤色为宜。不宜过分强调面部立体感。

（2）眉形不宜刻意修饰，以保持自然清新为主。

（3）眼部修饰强调眼形的圆而大、明亮清澈，眼线不宜过粗、过死板，在根部稍加修饰即可，眼影不宜夸张，睫毛刷自然黑色。

（4）腮红以粉色或橘色为主，刷在笑肌上，表现出和蔼亲切。

（5）唇色自然清新，不易脱妆。

（6）男士的妆面修饰尽量不留痕迹。

图 5-22 　　　　　　　　　　　　　　　图 5-23

第四节　特殊效果妆

气氛效果化妆是一种烘托气氛和渲染角色情绪的化妆方法和造型手段。在戏剧舞台和影视表演中，根据剧情的需要，对演员做出特殊的化妆效果。下面简单介绍几种特殊效果妆的制作方法。

1. 肉痣

（1）将化妆胶水涂在所需部位皮肤上。

（2）用塑型刀取适量肤蜡揉成小颗粒粘贴到皮肤上。

（3）根据皮肤的颜色给小颗粒肤蜡上色，让肉痣的颜色与肤色统一。

2. 淤青

（1）给所需皮肤适当打底（接近肤色）。

（2）用红棕色加黑色涂边缘，黑加浅蓝逐渐往里晕染，最里面部分涂深颜色。

（3）边缘略有红肿感，淤青部分不均匀，这样更加真实自然。（图5-24—图5-26）

3. 擦伤

（1）给所需皮肤适当打底色，略比肤色深。

（2）用深棕色铺底，然后用棕红色由边缘逐渐向中间晕染，再用红色油彩由中间向外晕染，让皮肤形成一种血往外渗的感觉。

（3）涂抹时色彩过渡自然，不要出现生硬的边缘线。（图5-27）

4. 疤块

（1）取适量肤蜡涂于皮肤上。

（2）用塑型刀调整形状，疤块高于皮肤表面凹凸不平，并且颜色比正常肤色偏白。

（3）疤块的边缘与皮肤衔接自然。（图5-28、图5-29）

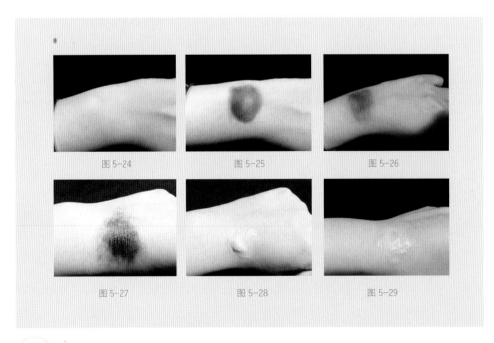

图5-24　　　　　　　　图5-25　　　　　　　　图5-26

图5-27　　　　　　　　图5-28　　　　　　　　图5-29

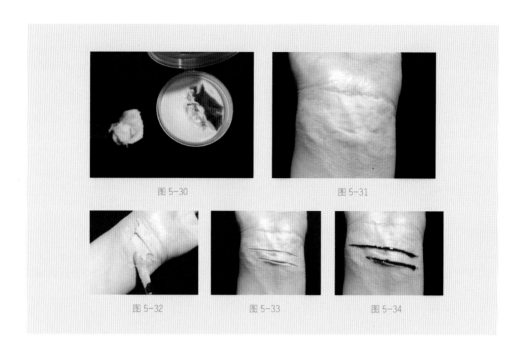

图 5-30

图 5-31

图 5-32

图 5-33

图 5-34

5. 鲜刀伤

（1）用化妆胶水涂在所需部位皮肤上。

（2）用塑型刀调出肤蜡粘贴到皮肤上，再用塑型刀雕出刀痕的形状。

（3）在刀口内涂上深色血浆，在伤口的外部涂红色油彩。

（4）用鲜血浆涂于伤口表面做流动状。（图 5-30—图 5-34）

6. 烧烫伤伤疤

（1）用肤蜡做出一块伤疤零件。

（2）在皮肤所需处涂上一层胶水，待胶水干后，把伤疤零件放在涂抹胶水的皮肤处。

（3）开始根据需要上色，伤疤表面涂深红色，在最里面涂黑油彩，然后不均匀地晕染在边缘。

（4）用塑型刀调拨肤蜡，让伤疤更加自然立体。（图 5-35—图 5-38）

7. 鲜断指

（1）先将要造型的手指弯曲，用胶带固定，并突出其关节。

（2）将肤蜡捏软，按手指的大小做成一个圈状。

（3）把肤蜡圈贴在手指上，露出关节。

（4）用塑型刀在肤蜡上雕塑，做出断指顶部不规则的形状。

（5）用油彩着色，深红色涂在衔接皮肤处，表现出红肿状，末梢部位呈紫红色，顶部溃烂的边缘用血浆，并加一些乳胶，表现出血肉模糊状。（图 5-39、图 5-40）

8. 疤痕

（1）用酒精把皮肤清洗干净。

（2）涂上疤痕水，让皮肤自然收缩成疤痕状。（图 5-41）

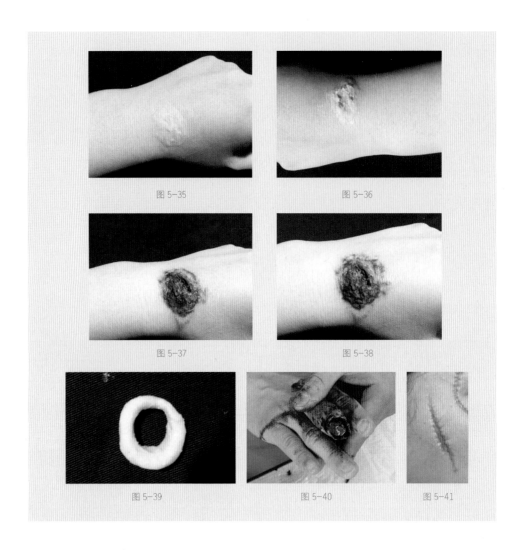

图 5-35　　　　　　　　　图 5-36

图 5-37　　　　　　　　　图 5-38

图 5-39　　　　　　图 5-40　　　　　　图 5-41

9. 嘴里出血

（1）如果需要口吐鲜血的效果，可以让演员喝上一口血浆，在拍摄时吐出来就行。

（2）如果需要嘴里不断流血的效果，就把海绵吸足了血浆放在演员嘴里，根据需要不断挤压海绵使其出血。

第五节　种族妆

在舞台戏剧表演中经常需要演员扮演欧美及非洲等世界各个地区的人物，作为亚洲人，身材高度、皮肤颜色、毛发色彩、五官等结构差异非常明显。种族化妆就是以黄种人的面部为基本条件，运用化妆技巧来改变面貌，再通过演员的角色表演来塑造人物。

一、人种分类

世界上的人种根据基因和地理位置的不同大致分为四大类：黄色人种、白色人种、黑色人种、棕色人种。

1. 黄色人种

黄色人种又叫亚美人种，即亚洲人。主要特征是：棕黄色的皮肤，黑色直发，眼睛呈深褐色，鼻梁较直，颧骨突出，脸部偏平，唇中等。亚洲人根据地区又分为西亚地区、东南亚地区、南亚地区、东亚地区、中亚地区。

（1）西亚地区人的面部特征：肤色偏黄白，中等身材，下垂的鼻尖和宽大的鼻翼，鼻子呈鹰钩状，头发和胡须多呈卷曲状。主要居住在土耳其等国家。

（2）东南亚地区人的面部特征：身材娇小，头型较圆，皮肤呈棕色，颧骨下巴突出，眼睛倾斜，头发短黑卷曲。主要居住在马来半岛和爱琴海地区。

（3）南亚地区人的面部特征：肤色呈棕黑或浅棕色，鼻子高而挺拔，眼睛大而圆，睫毛浓密，常常为双眼皮，女性面部宽，鼻子属于阔鼻型，嘴唇较厚，发色较黑。主要居住在印度、菲律宾等地。（图5-42）

图5-42

（4）东亚地区人的面部特征：皮肤为棕黄色，眼睛略倾斜，脸部有赘肉，颧骨较高，鼻子扁平，脸型方圆比较多，头发直而黑。主要居住在中国和日本等地区。

（5）中亚地区人的面部特征：头发直而黑，肤色呈棕黄色，颧骨较突出，脸型比较平缓，眼睛细小而倾斜，单眼皮较多，上眼睑的脂肪厚且有赘肉，鼻梁塌陷，下颌方正。主要居住在蒙古和西伯利亚地区。

2. 白色人种

白色人种又叫欧罗巴人种，其特点是：面部轮廓突出，脸型狭长，额头高而直，眉弓突起，眉梢高，眉头与内眼角距离近，眼窝深陷，内外眼睛在一条水平线上，重眼睑，睫毛长而浓密，鼻梁高而挺拔，鼻头略大，嘴唇较薄，下巴尖而向外突。肤色较浅，偏粉红或砖红色，眼珠有浅蓝色、蓝色、灰色、褐色等色彩，眉毛和头发颜色呈金棕色、浅亚麻色、浅棕色和黑色，头发柔软并呈波浪状。根据地区可分为北欧、中欧、南欧等地。

3. 黑色人种

黑色人种又叫阿非利加人种。黑色人种的特点是：额部突出，发际较高，皮肤黝黑，毛发卷曲且颜色黑，宽短且扁平的鼻子，鼻梁不高，鼻翼宽扁，横位的鼻孔，嘴唇厚而向外翻，上下颌向前突，眼睛虹膜色彩较深。根据地区可分为西非、中非、东非、南非。

4. 棕色人种

棕色人种又叫大洋洲人种，棕色人种的特点是：皮肤呈深褐色或赤褐色，眉弓突出，宽扁的鼻型，鼻梁低凹，眼睛呈棕色，嘴唇厚而稍突，头发黑而呈波浪形。主要居住在澳大利亚。

二、白色人种的化妆技法

1. 结构

白色人种的面部结构起伏明显，黄色人种面部结构扁平。在化妆中应紧密结合骨骼结构来化，使外形上有较大的改变，如提高额头、颧骨、鼻梁，突出下颌骨，加深眼窝等。

2. 底色

黄色人种的皮肤色彩以棕黄为主，浅一点的也是白里透黄，而白色人种的皮肤呈现绯红或砖红。因此在涂底色前先涂一层隔离霜改变皮肤色彩，年轻女士粉底的基础色可用偏粉或偏桃红的粉底颜色，并且比自身的肤色略浅；年轻男士可用肉色加点朱红色；老年人可稍加点棕色。在突起的部位涂浅亮色，如额骨、颧骨、鼻梁、下巴颏等部位。在凹陷的部位涂上略深、略灰的色彩，如眼窝、颧弓等处。

3. 眉毛

白种人由于眉弓的突出，在化妆中可以改变眉毛的形态来突出眼睛的结构。由于白种人发色浅，眉毛色彩也应用稍浅的颜色。眉形应根据眼睛的形状而定，眉头可画得离眼睛近一些。眼睛下斜，眉毛也下斜或稍平。女性的眉毛应比男性的眉毛略浅，可用浅棕色或棕色描画。男性的眉毛眉峰位置可高一点。

4. 眼睛

要使眼睛凹陷应先提亮眼睛周围的部位，如鼻梁、眉弓、眶上缘、颧丘等处。用偏灰色调眼睛凹陷部位，如鼻侧、眼窝、外眼角等处。要使眼睛的形态接近白种人的眼形，首先要改变眼睛的形状。如拉高内眼角，压低外眼角，加大眼裂，加强双眼睑等。在化妆时可先用深棕色或深褐色从内眼角处沿眼睛的弧度向外眼角斜下画一个弧线。再用深棕色从弧线开始向眉毛方向做由深至浅的颜色渐变，靠近鼻梁部位颜色最深，接近眉毛时颜色变浅。最后在眉骨部位涂抹亮色，突出眉骨。弧线下面用亮色或浅肉色提亮，使双眼睑明显。眼影颜色可用蓝色、绿色、灰色等色彩。上眼线内眼角处要画得略高，下眼线要化得比较圆。粘贴假眼睫毛可使眼睛的凹陷更加明显。

5. 腮红

腮红涂抹的位置在外眼角附近到颧骨的位置，色彩晕染均匀，与肤色自然衔接。一般肤色浅，腮红也要淡一些；肤色深，腮红也要深一些。涂抹方向为纵向，使脸型显得稍长。

6. 嘴唇

白色人种的嘴唇轮廓明显，唇形略大，上唇薄，下唇厚。

7. 下颏

白色人种下颏部一般向外微翘，下唇沟下凹陷。因此可以在下颏处涂亮色使其突出，在下唇沟处画点阴影色，再在下颏正中部位涂少量阴影色加强下颏轮廓，使之更有魅力。

8. 毛发

由于白色人种毛发柔软纤细，色彩差异较大，在塑造这种形象时可以通过戴假发或用喷彩来对头发进行颜色的修改达到效果。（图5-43）

图5-43

三、黑色人种的化妆技法

1. 底色

在塑造黑色人种的肤色时可以使用深棕色、棕色、紫褐色来作为底色。由于打底色时会出现不均匀的现象，可以涂抹两次底色来达到效果。在涂抹底色时应强调面部结构，用比底色浅的色彩表现凸起的部位（在底色中加点肉色或浅棕色），如眉弓、颧骨、上颌骨、鼻翼等部位。用比底色深的色彩表现凹陷部位（在底色中加入少量蓝色或黑色），如眼窝、鼻根、鼻底等部位。

2. 眼睛

黑色人种的眼睛一般又大又圆，有明显的双眼皮，并且黑白分明。因此可运用绘画的方式在眼缘上方画出一条弧线，画出假"双眼皮"。用黑色描画出粗宽的上眼线，在下眼睫毛处用浅蓝色沿睫毛根部画出一道细线，再在它的下方画出眼线，尽量将眼睛形状描画得大而圆。在眼窝处用褐色、棕色画出凹陷，运用由深至浅的化妆方法使颜色产生渐变，使眼与眶上缘的颜色衔接。然后用浅蓝色、浅紫色等色彩涂抹在假双眼皮的褶皱内，让所画的假双眼皮更真实。最后贴上粗密的假眼睫毛，突出眼睛的明亮效果。

3. 眉毛

用黑色画出眉毛的立体感，可根据角色需要来确定眉毛的粗细。

4. 鼻子

黑色人种的鼻子非常有特色，鼻根部塌陷，鼻翼扁宽，鼻孔向上，向外侧拉大。

5. 嘴唇

黑色人种的嘴唇稍大而外翻，可用深棕色的唇线笔加宽加厚嘴唇，勾画出略厚而饱满的唇形。唇色可用浅朱红、浅玫红、紫酱色等。

6. 发型

卷曲浓密的黑色头发是黑色人种的明显特征，女性也可以扎小辫子或戴颜色鲜艳的头巾进行装饰。（图5-44）

图5-44

课后练习
KEHOU LIANXI

1. 熟悉艺术化妆用具。

2. 练习戏剧舞台妆、影视妆容、电视节目主持人妆容。

3. 练习画气氛效果妆。

4. 简述不同种族之间面部骨骼的差异。

第六章
年龄妆

课程内容：青年妆 / 中年妆 / 老年妆

教学目的：通过对面部结构的掌握，学习不同年龄的化妆，为塑造影视舞台人物角色打下基础。

课前准备：预习教科书中的理论知识，并通过网络或课外书籍大量收集各式妆容。

　　年龄妆主要用在影视剧与舞台人物形象塑造上，而且是不可缺少的艺术形象。人的外貌特征是随着年龄的变化而改变的，最明显的是体态和脸部的变化。一个人从儿童至少年再至青年身高变化最大，从青年至中年再到老年体形变化最大，而面部的变化在每个年龄阶段都非常大。年龄妆包括不同年龄的本色化妆、增加年龄的化妆、缩小年龄的化妆。生活中不同年龄不同职业的人，都希望通过化妆达到符合年龄阶段自然得体的效果。不同年龄的本色化妆，关键要掌握各个年龄阶段人的特征及所拥有的气质与内涵。增加年龄的化妆是根据角色的需要，在演员脸上进行勾画，如松弛的肌肉、粗糙的皮肤、明显的骨骼、色素变深、皱纹增多等特征，使年轻人变为中年人，中年人变为老年人。缩小年龄的化妆也是根据影视角色的需要利用化妆的绘画原理，缩小演员的年龄的化妆。

第一节　青年妆

　　青年是人生最健康、蓬勃向上的时期，从外表看，青年阶段处于生理发育最高峰。面部皮肤红润光泽，肌肉结实富有弹性，发质浓密，发量多。面部轮廓明显，结构紧致。眉形轮廓完整，眉毛粗细均匀；眼睛明亮有神采，睫毛浓密整洁；嘴唇红润向上翘。因此在化妆造型方面要表现出健康自然、青春雅致，并且根据自身独特气质突出优点，展示风采。

生活中的青年妆包括皮肤修饰和五官修饰。

1. 皮肤修饰

由于青年人皮肤自然健康，可选择比本人皮肤浅一度的透明粉底，薄薄地涂在面部。再用透明蜜粉定妆，体现皮肤质感。

2. 五官修饰

眼睛：年轻女性化妆可通过眼影的过渡、眼线粗细长短、睫毛的浓密描画出神采奕奕的眼睛，并根据服装色彩来搭配眼妆的色彩。

眉毛：青年男性的眉毛一般都较粗较浓密，描画方法是缺哪儿补哪儿，用眉笔画出一根一根虚实有度的眉毛。青年女性可先把眉形修剪出来，再用眉笔一根一根地描画，使眉毛自然大方。

脸颊：年轻女性的腮红根据脸型可以用圆形、斜形的方法，宜选颜色活泼、艳丽、明亮的腮红表现皮肤的健康。青年男性可以用棕色扫出脸部轮廓。

嘴唇：年轻女性嘴唇轮廓紧致，可选滋润自然色彩的唇膏涂抹嘴唇，让唇透出健康的光泽和色彩。

第二节　中年妆

中年一般指35—60岁之间，中年人在家庭和事业上都有了一定的成就，精神状态和心理结构都是成熟的，经历也是极其丰富的，各种生活的印迹自然会在脸上呈现出来。在中年期内，人的变化是最为显著的，尤其是中年后期，基本上就开始出现老年的状态了。

一、中年人的面部特点

1. 皮肤

由于骨骼结构不再发生大的变化，改变的是肌肉和皮肤。皮肤由原来的丰满、滋润逐渐变为松弛下垂。皮肤变厚变黄，肤色暗淡，色素沉着，开始出现细小皱纹。经常在室外工作的人，由于风吹日晒，皮肤显出整体的日晒红润。在室内工作的人，皮肤虽然很白，但却缺少血色，气色会有些萎黄。

2. 面部结构

人到中年，无论男女身体都会发胖，而面部也会开始丰满，由于颧骨下端和下巴处脂肪的填充，使脸形增大。这个阶段，脸部结构逐渐开始变化，瘦的人面颊骨骼渐渐突出，骨骼明显，凹凸程度越来越大。眼、嘴、颌、鼻、额等处出现小结构，皱纹出现。胖的人下眼睑、鼻唇沟、腮帮、颌部、口角处开始出现赘肉，并日渐明显。

3. 五官

随着年龄的增长，由于地心引力和表情活动以及气候变化等因素，五官也会发生变化，如眼皮松弛、眼角下垂、眼袋下垂、眼晕加深、眼窝凹陷、鼻唇沟明显、唇部松散、唇廓不清、嘴角下挂、嘴角纹出现等。

4. 毛发

中年人头发开始变稀，也会失去光泽，变干、变黄、变白、变软，并逐渐出现白发。中年女性的两鬓有明显的白发及白发群。中年男性除白发外，还会有拔顶秃鬓、眉毛脱落、颜色变淡等现象，并开始出现胡茬。

虽然人到中年容貌出现衰老，但是中年人独有的稳重、高雅、成熟、风韵却是青年人无法比拟的。

二、生活中中年人的化妆方法

中年人化妆应从不同形象的人和职业出发，以端庄、稳重的妆容为宗旨。这一时期的女性不仅要保养皮肤，还要借助化妆来掩饰岁月在脸上留下的痕迹。通过大方的妆容和服饰及发型，使中年人神采奕奕，保持青春活力。

1. 皮肤修饰

选择比自身肌肤暗一度的粉底，按皱纹生长方向均匀涂抹，粉底涂薄。用遮瑕膏遮住色斑和瑕疵，并用质地好的蜜粉扑面。用阴影色修饰脸部轮廓提升脸形。

2. 五官修饰

眼睛：可用美目贴将下垂的眼皮贴上，用偏灰或偏棕色的眼影描画眼部，如紫灰、蓝灰、棕红等色系。通过描画眼线强调眼神和矫正眼形，涂抹睫毛膏增加睫毛的长度、密度。

眉毛：修去杂乱的眉毛，以棕色、灰色、黑色眉笔交替描画自然、大方有立体感的眉形。

脸颊：腮红尽量接近肤色，自然大方，以斜向施打。

嘴唇：可稍加唇线，再涂抹棕红、自然红、玫瑰红等中间色系的唇膏。

三、影视中中年妆的化妆技法

在影视剧中，由于角色的需要，会有把青年演员化成中年人或老年人的情况。中年妆是一种既丰富又复杂的化妆。可充分利用演员本身的面部结构进行勾画，如松弛的皮肤、凹凸的骨骼、细小的皱纹、面部的色素等，都可以作为描画的基础，再进行强化。而这种绘画化妆的方法有时很难完美地呈现角色，还需要运用立体化妆的处理，如用塑型方法制作面部的一些部位，粘贴假头套、假胡须等。

1. 皮肤

塑造角色人物时，中年人由于生理的变化和生活环境的不同，有的皮肤黝黑，有的白皙，有的粗糙，有的细腻，因此应根据角色的需要来化妆。男性打底要偏棕一些，或用重底薄打的方法。女性的底色要偏黄一些，色彩浅一些，可强调修饰性特点。底色还可用局部着色法，像额头、眼角、眼窝以及皮肤粗糙的部位都可以采用。

2. 面部结构

人的骨骼与肌肉结构随着年龄的变化会慢慢开始改变，瘦的人面颊骨骼渐渐开始突出，骨骼明显，凹凸程度越来越大。额邱、眉弓、颧骨、眼眶、下颌骨等突起的部位和额沟、眼窝、面颊窝、颞窝等凹陷部位都会显现出来，人看起来就会显苍老。因此要表现瘦的中年人，在涂上底色之后就要把脸上的这些结构画出来。用比底色亮的色彩表现突起的结构，用比底色深一些的颜色表现凹陷的部位。

胖的中年人下眼睑、鼻唇沟、腮部、颌部、口角处开始出现赘肉，并日渐明显。因此在化妆中要突出脂肪堆积产生的起伏感和松弛的肌肉状态，使脸廓变松，双下巴、鼻唇沟、嘴角等处的结构下坠明显。眼、嘴、颌、鼻、额处结构日渐出现，皱纹会增多加深。

下眼袋：是眼睛下方脂肪下垂的状态，它从内眼角起，沿着下眼眶弯向外眼角，形成一个向上的半圆弧形。靠近内眼角处较深，逐渐向外眼角变浅。画法是用深色，由内眼角向下用小弧线向外描画，起笔重，收笔轻，然后按结构向上揉开，形成中间色。如果要突出眼袋部分，就在深色的下面用亮色加以陪衬。

鼻唇沟：当人在笑的时候，脸颊部位的肌肉会隆起，使鼻翼向上逐渐揉开，与脸颊形成一道凹陷的浅沟，这就是鼻唇沟。画法是按鼻唇沟的结构往下画，起笔先轻后重，收笔轻、淡、细，再用中间色在深色线上方逐渐揉开，并在过渡色里加亮色提亮，表现下垂突出感。然后在深色线下面用亮色加以陪衬。

颏唇沟：下颏的结构变化也是表现年龄的特征。画法是用深色笔在在唇部正中的下方凹陷位置重画一笔，然后分左右向下向外画小弧线，按结构揉开，两边的颜色越柔和越好，最后在暗色的下面用亮色陪衬，在颏隆起部用点亮色，使颏隆起更加突出。

3. 五官

眉毛：女子的眉毛线条要柔和、清淡、逼真，眉梢可以往下梳。男子的眉要出型，棱角分明，性格感强烈，还有几根寿眉出现。

图6-1

眼睛：眼部眉骨下方要画出凹陷，并用偏深一些的颜色刻画，再把眼睛的眶上缘用亮色强调，外眼角略向下垂，睫毛线要浅淡，眼睛不再像年轻时有神采。

眼影：男子用橄榄绿或深于底色的棕色；女子眼影可根据角色人物不同来选择。

鼻侧影：根据人物的胖瘦来表现，胖的侧影就打浅一些，短一些；瘦的就把侧影打得深一些，长一些。

腮红：腮红与肤色不要区分太明显，可打在腮部突起的部位。

嘴唇：嘴唇的轮廓线应该是松散的，嘴角两边用小笔刻画出微微下坠的小结构。画法是：用阴影色在唇角处起笔，向下向外画小弧线，渐淡收笔，按结构揉开，并在暗色里面加亮色陪衬。

4. 发型

发型是最容易体现人物年龄气质、生活环境的，中年妆的发型主要根据角色的需要来设计，比如扮演角色的时代背景、周围环境以及社会地位和经济基础等。可利用假发套制造年龄效果或用花白的发片增加年龄感。（图6-1）

第三节　老年妆

老年人是人生的后期阶段，由于生活的经历和年龄的增长，生命力逐渐减退，同时引起骨骼、肌肉的变化。在影视舞台和戏曲中会把青年人或中年人画成老年人形象，而且是不可缺少的艺术形象。因此在影视中塑造老年形象要根据历史年代、生活环境、教育背景、职业、性格等方面来考虑。老年人由于机体的衰老，皮下脂肪会减少，皮肤会出现松弛、下垂、粗糙、内陷的现象，肤色变深、变灰或发黄，面部及颈部皱纹较多。眼角下垂，眼窝凹陷，下眼睑逐步出现泪囊下垂，睫毛稀少，眼珠浑浊不清，视力下降，视线模糊不清，爱眯着眼看东西。鼻唇沟、鱼尾纹逐渐明显。由于牙齿松动牙床萎缩，会使面部变短，嘴周围呈放射状皱纹，嘴唇干瘪并缺乏弹性。老年人的面部骨骼变化是比较明显的，头颌面骨突出，眉弓突出，颧骨突出等。再加上肌肉松弛，使面部有了更大的起伏。老年人的头发、眉毛、胡须都会变成灰白色，毛发变软，发量稀少。由于遗传、健康状况、生活环境、经济水平的不同，人与人之间的衰老现象也会有差别。因此在角色的设计与化妆中应更注重刻画人物的特征。

一、生活中老年妆的化妆方法

老年人由于进入人生的暮年，更应该保持良好的心态和开朗的性格。大方得体的化妆和服装会让老人比同龄的人显得年轻。

（1）可选用贴近肤色的粉底打底，让皮肤呈现健康的光泽。

（2）由于老年人眉毛会脱落，可用眉笔描画眉毛，色彩自然大方，眉形适中，切忌夸张。

（3）眼部可用自然色的眼影描画，可略加强下眼线，睫毛自然修饰，增加眼神。

（4）可适当涂抹腮红，营造健康之美。

（5）唇部选用柔和的口红颜色，可根据服装的色彩进行搭配。

二、影视中老年妆的化妆技法

图6-2

在影视舞台人物扮演中，把青年人或中年人画成老年人的形象经常出现，而且是不可缺少的艺术形象。所以要求化妆师能够熟练塑造各种不同老年人的形象。首先要了解老年人的生理特征、历史年代、生活环境、教育背景、职业性格等方面。因此塑造老年人的形象，要在生活化的基础上做到真实并且符合剧本的设计要求。（图6-2—图6-6）

1. 皮肤

老年妆的底色不是均匀地涂于整个面部，而是根据面部结构来表现，还可以做多色式的打底。老年人的皮肤光泽暗、弹性差、色泽枯黄灰白，应根据角色需要来体现。例如，城市老人生活环境较好，肤色可稍黄或苍白些，则可以在两颊涂些偏黄的肉色来强调肤色。农村老人风吹日晒，皮肤衰老程度快，皱纹较多、较深，可用偏暗的粉底来表现，涂抹时色彩不需要太均匀。

2. 面部结构

年轻演员要化妆成老年人，面部结构明显是很重要的，如果单独化皱纹会显得脸上肌肉不协调，看得出是明显外加的。因为皱纹是随着年龄而增加的，所以只有将暗影和皱纹同时运用到化妆造型中，所塑造的人物形象才会有真实感。

图 6-3　　　　　　图 6-4　　　　　　图 6-5　　　　　　图 6-6

首先用阴影色（棕色）勾画出骨骼的凹凸和肌肉松弛的线条，主要用阴影色的部位有额沟、颞窝、眼窝、脸颊沟、颊沟、颧弓下陷、额唇沟等。

再用化妆笔或手指向一定方向揉开，并与周围底色自然结合起来，形成自然的过渡和色彩的衔接。这样才能表现面部凹凸起伏的准确和真实。

最后用高光色来提高脸部受光的部位，并与阴影色相衔接，揉成各个局部的立体感。使凸出的部位更突出，凹陷的部位更下陷。如额丘、眉弓、眶上缘、颧弓、颧丘、鼻骨、下颌隆突等。

3. 皱纹的描画

皱纹的产生是一种自然的生理现象，由于年龄的增长，皮脂分泌少，脂肪逐渐消失，皮肤和肌肉松弛下垂，在表皮形成纹路清晰的皱褶。脸上的皱纹有主次、虚实、深浅的变化，大致分成三类：第一类皱纹最深，如鼻唇沟、眉间纹、疲劳纹；第二类次深，如额纹、脸颊纹、嘴角纹；第三类最细小，如眼角纹、鼻根纹、嘴唇纹、小细纹。

额纹：又叫抬头纹，是一组中间深、两头淡，中间低、两侧高的波状皱纹。一般是三四根，由于在额沟里，走向与额沟相似，在两头弯向眉梢。

眉间纹：位置在两眉之间，数量约 2～3 根，从鼻根部画起，向上做弯形，越往上越淡。

眼窝纹：又叫上眼睑沟，是眼球与眶下沿之间的一个桥拱形的凹陷。

眼角纹：又叫鱼尾纹，是一组在外眼角处呈放射状的皱纹，以眼裂为界，上边的向上弯，下边的向下弯。

鼻根纹：在眉间下面的鼻根处的一组横向小皱纹。

鼻梁纹：是一组靠内眼角的鼻侧斜向鼻头延伸的细纹。

疲劳纹：也叫眼袋，是从眼睛下面内眼角至外眼角方向呈半椭圆形的一条结构纹。

鼻唇沟：起于鼻翼沿脸颊边缘向嘴角延伸的沟形结构纹。

嘴角纹：嘴唇两边自然下垂的细纹。

上唇边纹：是围绕在上唇部分呈放射状的一组皱纹群。

颌部燕形纹：在颌结节的两边，也是一组结构纹。

网状形皱纹：是人衰老到一定程度形成的琐碎皱纹，密布整个面部。

描画皱纹的方法：在影视化妆中，为了表现人物的真实，要根据皱纹的形态和面部骨骼的结构来描画。化皱纹用三种颜色：深棕、中间色（深棕加点红）、亮色。首先用深色按结构准确地画出表示皱纹的线条。然后在深色的线条上用中间色画出皱纹的过渡层面，使皱纹有立体感。粗的皱纹过渡面要宽一些，细的皱纹可直接用深浅色表现。最后用浅色在深色底边勾画出皱纹的亮色层面，并用笔揉开。高光色既要和底色协调，又要向中间色过渡，让皱纹有渐变的层次。

4. 五官的画法

眉毛：老年妆女子眉毛形状稍宽些、淡些，一般用遮盖的办法，可以在眉峰至眉梢部分画上一些白色。老年男子眉毛整个型要散一些，眉梢往下梳，可以把眉毛染成花白。

眼睛：内眼角稍高于本来结构，外眼角往下拉长一些，使眼睛下挂，形成自然的凹陷，再用色彩加深眼眶下陷。下眼袋松弛结构明显，在下眼睑的突起部位使用亮色使之更加明显，再在下眼睑沟处画成阴影色并向上晕开，这样眼袋会自然突出。睫毛可以不再画，如果演员睫毛浓密，可以使用肉色涂抹，让眼稍小或明亮。

鼻子：老年人的鼻骨比较突出，由于内眼角的用色已经使眼眶下陷，所以鼻子会显立体，鼻子尽量淡化。

嘴唇：先用偏黄或深的底色遮盖原有的纯色，纯色不宜过于苍白，用深棕色把唇中裂纹画成竖条纹，旁边再画点浅肤色。嘴角呈下垂状态，使脸颊肌肉显得松弛，女性在上下嘴唇的外围还可以画放射状的皱纹。

颈部：皱纹部位可用阴影色来描画，在颈部两边画出半圆形的皱纹线条。

5. 须发

白色油彩两鬓开始顺着毛发根部轻轻向发梢梳，这样会出现头发花白的效果，也可用假发套或头巾、帽子、围巾来装饰。

6. 服装

根据角色的历史背景、环境搭配不同的服饰和配饰，增加剧中人物的气氛。

课后练习
KEHOU LIANXI

1. 用素描在绘图纸上画出老年人面部结构和皱纹的关系。

2. 简述在影视舞台中如何对中老年角色进行把握。